三菱PLC
控制技术应用

赵晓明　郑　渊　李庆玲　编著

中国电力出版社
CHINA ELECTRIC POWER PRESS

内 容 提 要

本书是作者在总结多年来的职业技术教学、职业技能培养和工程实践经验的基础上编写的，主要内容包括电动机的 PLC 控制、运料小车的 PLC 控制、交通灯的PLC 控制、液体灌装自动生产线的 PLC 控制、PLC 控制系统的改造和升级及 PLC通信应用技术，编程软件的应用以及 PLC 系统维护与诊断等。在写作上力求知识点简明扼要、层次分明、重点突出。

本书可作为职业院校港电类、机电类等专业的教材，也可供 PLC 职业技能培训和从事 PLC 工作的有关人员学习使用。

图书在版编目（CIP）数据

三菱 PLC 控制技术应用/赵晓明，郑渊，李庆玲编著. —北京：中国电力出版社，2014.2（2018.7重印）
ISBN 978-7-5123-5475-3

Ⅰ.①三…　Ⅱ.①赵…②郑…③李…　Ⅲ.①plc 技术
Ⅳ.①TM571.6

中国版本图书馆 CIP 数据核字（2014）第 005770 号

中国电力出版社出版、发行
（北京市东城区北京站西街 19 号　100005　http://www.cepp.sgcc.com.cn）
北京天宇星印刷厂印刷
各地新华书店经售

*

2014 年 2 月第一版　2018 年 7 月北京第六次印刷
787 毫米×1092 毫米　16 开本　10.25 印张　221 千字
印数 7301—8300 册　定价 **22.00** 元

前　言

　　本书根据当期教育部高职高专教育的改革精神，以培养高素质高级技能型专门人才为目标，以职业能力培养为主线，从实践中提炼了工作过程系统化的项目任务并结合教学实际进行了整合，本着"基本理论够用为度，职业技能贯穿始终"的原则编写而成。全书做到了基本知识广而不深，侧重技能训练，培养学生的综合职业能力和直接上岗能力。

　　本书是编者在总结多年来的职业技术教学、职业技能培养和工程实践经验的基础上编写的，在编写过程中突出了以下几个特点。

　　1. 结合传统的 PLC 教材的知识点，本着"基本理论够用"的原则，力求知识简明扼要、层次分明、重点突出，提高教学效率。

　　2. 筛选具有代表性的项目进行技能训练，融入基本知识，采用高职学生易于接受的方式叙述。例如提升机控制系统项目的技能训练，提出项目任务后提供本项目所需必要的知识点的同时融入职业技能要求，通过项目任务的实现来提升学生的职业能力。

　　3. 贯彻国家中、高级 PLC 维护人员的职业技能标准和鉴定规范的要求，将相关的简单内容有机整合，使其与项目融为一体，为学生日后职业拓展能力的提升奠定了坚实基础。

　　本书是作者在总结多年来的职业技术教学、职业技能培养和工程实践经验的基础上编写的，内容包括电动机的 PLC 控制、运料小车的 PLC 控制、交通灯的 PLC 控制、液体灌装自动生产线的 PLC 控制、PLC 控制系统的改造和升级及 PLC 通信应用技术，同时为了便于以后学生就业后快速融入 PLC 行业领域，我们邀请了有十几年 PLC 维护经验的工程师，共同编写了 PLC 系统的维护与故障诊断，方便读者学习、参考。

　　由于作者水平有限，书中难免存在错误和疏漏之处，敬请广大读者指正。

目　录

电动机的 PLC 控制

》任务 1　PLC 控制系统认识

一、任务描述

可编程控制器（PLC）是一种基于计算机技术的工业控制器，在当今工业控制中应用极为广泛，PLC 应用技术是电气行业从业人员必须掌握的一门技术。本任务的主要目的是认识 PLC 控制系统的组成和工作原理等。如图 1-1 所示为三菱 FX 系列整体式 PLC。

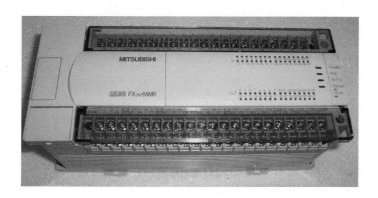

图 1-1　三菱 FX 系列整体式 PLC

二、知识准备

1. 什么是可编程控制器（PLC）

可编程控制器全称可编程逻辑控制器（Programmable Logic Controller，PLC），它采用一类可编程的存储器，用于其内部存储程序，执行逻辑运算、顺序控制、定时、计数与算术操作等面向用户的指令，并通过数字或模拟式输入/输出接口控制各种类型的机械或生产过程。

当今工业控制工艺和要求复杂多变，而传统的继电器—接触器控制系统的控制功能是通过固化的硬件接线实现的，对于比较复杂的电气控制系统其硬件接线会显得极为繁杂且不易维护，已无法适应需要，如图 1-2 所示。

图 1-2　复杂继电器—接触器控制系统的硬件接线

　　PLC 最初产生就是为了取代传统的继电器—接触器控制系统，它是在传统的继电器控制和计算机技术的基础上发展起来的一种工业控制器。因为 PLC 采用了可编程的存储器，将大部分控制功能以程序的形式储存在内部的存储器中，这样就大大简化了外部的硬件接线，使得 PLC 控制系统安装维护都较为方便。同时，由于程序可以通过编程软件很方便地进行修改，因此使得 PLC 控制系统的功能可以根据外部控制要求的变化而及时调整。现在的 PLC 不仅能够取代传统继电器控制实现开关量控制，而且还可以实现模拟量控制、运动定位控制、数据处理、通信联网等功能。

　　2. PLC 的基本组成

　　PLC 是计算机技术与继电器常规控制概念相结合的产物，是一种工业控制用的专用计算机。作为一种以微处理器为核心的用作数字控制的特殊计算机，它的硬件基本组成与一般微机装置类似，主要由中央处理器（CPU）、存储器、输入/输出接口、电源和其他各种接口组成，如图 1-3 所示。

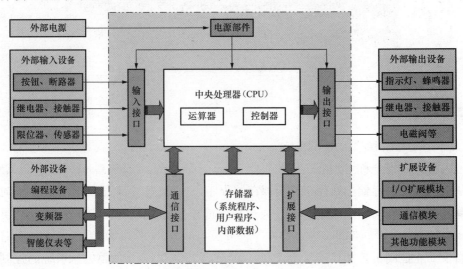

图 1-3　PLC 的基本组成

（1）中央处理器（CPU）。CPU 是 PLC 的控制核心，由它实现逻辑运算，协调控制系统内部各部分的工作。它的运行是以循环扫描的方式采集现场各输入装置的状态信号，执行用户控制程序，并将运算结果传送到相应的输出装置，驱动外部负载工作。CPU 芯片性能关系到 PLC 处理控制信号的能力与速度，CPU 位数越高，运算速度越快，系统处理的信息量就越大，系统的性能越好。

（2）存储器。存储器是存放程序及数据的地方。

1）PLC 的存储器按照用途可以分为三类：

系统程序存储器：系统程序是由生产 PLC 的厂家事先编写并固化好的，它关系到 PLC 的性能，不能由用户直接存取和修改，其内容主要为监控程序、模块化应用功能子程序，能进行命令解释和功能子程序的调用，管理程序和各种系统参数等。

用户程序存储器：用户程序是根据具体的生产设备控制要求编写的程序，PLC 说明书中提到的 PLC 存储器容量一般指的就是用户程序存储器的容量。

内部数据存储器：主要用来存储程序运算时的一些相关数据。

2）PLC 的存储器按照存储介质可以分为两大类：

只读存储器（ROM）：在掉电状态下可以长时间保存数据，一般用来保存系统程序或用户程序，部分只读存储器也是可以多次写入的，例如 EPROM、EEPROM 等。

随机存储器（RAM）：在掉电状态下不能保存数据，但是数据读写速度较快，一般用来保存内部数据或用户程序。

（3）输入/输出接口。输入/输出接口是 PLC 与外部控制现场相联系的桥梁，通过输入接口电路，PLC 能够得到生产过程的各种参数；通过输出接口电路，PLC 能够把运算处理的结果送至工业过程现场的执行机构实现控制。

实际生产中的信号电平多种多样，外部执行机构所需电流也是多种多样，而 PLC 的 CPU 所处理的只能是标准电平，同时由于输入/输出接口与工业过程现场的各种信号直接相连，这就要求它有很好的信号适应能力和抗干扰性能。因此，在输入/输出接口电路中，一般均配有电平变换、光耦合器和阻容滤波等电路，以实现外部现场的各种信号与系统内部统一信号的匹配和信号的正确传递，PLC 正是通过这种接口实现了信号电平的转换。

为适应工业过程现场不同输入/输出信号的匹配要求，PLC 配置了各种类型的输入/输出接口，常用的有开关量输入接口、开关量输出接口、模拟量输入接口、模拟量输出接口等。

（4）电源部件。PLC 通常使用交流 220V 或直流 24V 工作电源，它的电源部件可以将外部工作电源转化为 DC 5V、DC 12V、DC 24V 等各种 PLC 内部器件需要的电源。

PLC 输入回路的电源有的 PLC 是内置的，例如三菱 FX 系列整体式 PLC；有的 PLC 是外置的，需要用户自己提供，例如西门子 S7-200 系列整体式 PLC。

PLC 输出回路的电源一般都需要用户自己提供。

（5）扩展接口和通信接口。PLC 通过扩展接口可以实现功能的扩展，例如，可以连接 I/O 扩展模块来扩展 PLC 能够连接的外部输入/输出设备的数量，连接通信模块来实现各种通信功能，连接高速计数模块来实现高速计数功能等。

PLC通过通信接口可以与一些外部设备通信，例如计算机、变频器、智能仪表等。

3. PLC的基本原理

（1）编程"软"元件。PLC作为计算机技术与继电器常规控制概念相结合的产物，其内部存在由PLC存储器等效出来的各种功能的编程"软"元件，也就是虚拟元件。例如，存储器的一个二进制位，因为其不是"0"就是"1"，就可以等效成一个"软"继电器，当这个位是"0"时，相当于这个"软"继电器处于失电状态；当这个位是"1"时，相当于这个"软"继电器处于得电状态。

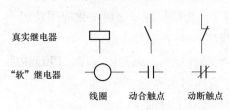

图1-4 真实继电器和"软"继电器对比

如图1-4所示，"软"继电器和真实继电器的相同之处是线圈得电时动合触点闭合、动断触点断开，线圈失电时动合触点断开、动断触点闭合。不同之处是"软"继电器是由PLC内部电路等效出来的，并没有真正的线圈和机械触点，并且在编程时"软"继电器的动合触点和动断触点使用次数没有限制，而真实继电器的触点是有限的。

PLC的编程"软"元件根据功能可以分为输入元件、输出元件、辅助元件等，它们在PLC存储器中存放的地方分别称为输入映像寄存器、输出映像寄存器等。

（2）顺序循环扫描工作机制。PLC的工作方式与传统的继电器控制系统不同，如图1-5所示。继电器控制系统采用硬逻辑并行运行的方式，即如果一个继电器的线圈得电或失电，该继电器的所有触点（包括它的动合触点或动断触点）不论在继电器线路的哪个位置上，都会立即同时动作。

PLC采用的是顺序循环扫描的工作机制，PLC上电后首先进行内部处理和通信服务，然后判断PLC是否处于运行模式，若PLC处于停止模式则周而复始地进行内部处理和通信服务；若PLC处于运行模式，则再顺序进行输入采样、程序执行和输出刷新三个阶段，然后周而复始循环。

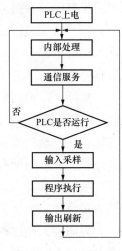

图1-5 PLC工作原理

1）内部处理阶段。在此阶段，PLC检查CPU模块的硬件是否正常，复位监视定时器，以及完成一些其他内部工作。

2）通信服务阶段。在此阶段，PLC与一些智能模块通信、响应编程器键入的命令，更新编程器的显示内容等，当PLC处于停状态时，只进行内容处理和通信服务等内容。

3）输入处理阶段。输入处理也叫输入采样。在此阶段顺序读取所有输入端子的通断状态，并将所读取的信息存到输入映像寄存器中，此时，输入映像寄存器被刷新。

4）程序执行阶段。按先上后下，先左后右的顺序，对梯形图程序进行逐句扫描并根据采样到输入映像寄存器中的结果进行逻辑运算，运算结果再存入有关映像寄存器中。当遇到程序跳转指令，根据跳转条件是否满足来决定程序的跳转地址。

5）输出刷新阶段。程序处理完毕后，将所有输出映像寄存器中各点的状态，转存到输出锁存器中，再通过输出端驱动外部负载。

PLC完成一次循环所用的时间称为一个扫描周期，PLC的扫描周期很短，一般只有十几个毫秒左右。

4. PLC的分类

PLC的I/O接口所能接受的输入信号个数和输出信号个数称为PLC输入/输出（I/O）点数，PLC根据输入/输出点数的多少可以分为超小型、小型、中型、大型、超大型五类；根据结构可以分为整体式和模块式两类。整体式PLC的电源部件、CPU、存储器、输入/输出接口、扩展接口、外设接口等整合在一起；模块式PLC的电源模块、CPU模块、输入或输出模块可以根据被控对象灵活配置，CPU模块上有通信端口与编程设备等进行通信，也可用专门的通信模块，如图1-6所示。

 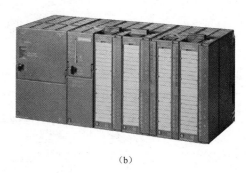

（a） （b）

图1-6 整体式和模块式PLC

（a）整体式；（b）模块式

三、任务实施

1. 三菱FX系列PLC外观识别

如图1-7所示为三菱FX_{2N}-48MR系列PLC外观。

（1）电源端子：主要包括L、N和接地端，用于引入PLC工作电源。

（2）输入端子：连接外部输入设备（按钮、开关、限位等）形成PLC输入回路。

（3）输出端子：连接外部输出设备（指示灯、线圈等）形成PLC输出回路。

（4）公共端（COM端）：输入回路或输出回路的公共端子，不同回路的公共端不能随意混接。

（5）输入状态指示灯：用于指示每一条输入回路的通断状态。

（6）输出状态指示灯：用于指示每一条输出回路的通断状态。

（7）电源指示灯"POWER"：用于指示PLC工作电源是否已接通。

（8）运行指示灯"RUN"：用于指示PLC是否处于运行状态。

（9）电池指示灯"BATT"：用于指示PLC的RAM存储器后备电池是否电压过低。

（10）故障指示灯"PROG-E""CPU-E"：用于指示程序或CPU是否出现故障。

（11）扩展接口：用于连接扩展单元（模块）或其他特殊功能模块。

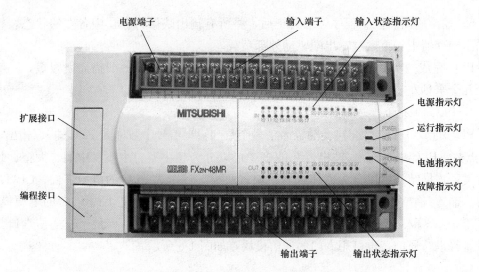

图 1-7　三菱 FX_{2N}-48MR

（12）编程接口：用于连接编程设备，如手持编程器、电脑等。

2. 三菱 FX 系列 PLC 型号识别

三菱 FX 系列 PLC 是日本三菱公司开发的整体式小型 PLC，有 FX_{0S}、FX_{0N}、FX_{1N}、FX_{1NC}、FX_{2N}、FX_{2NC}、FX_{3U} 等子系列，其型号的含义如下：

□ — □□□ — □
① 　②③④　⑤

其中：① 型号子系列；

② 输入/输出总点数；

③ 单元类型。如 M 表示基本单元，E 表示输入输出混合扩展单元，EX 表示扩展输入模块，EY 表示扩展输出模块；

④ 输出方式。如 R 表示继电器输出，S 表示晶闸管输出；T 表示晶体管输出；

⑤ 特殊品种。如 C 表示接插口输入输出方式，D 表示 DC 电源、DC 输出，A1 表示 AC 电源、AC（AC100～120V）输入或 AC 输出模块，V 表示立式端子排的扩展模块，H 表示大电流输出扩展模块，F 表示输入滤波时间常数为 1ms 的扩展模块等。

如果特殊品种一项无符号，为 AC 电源、DC 输入、横式端子排、标准输出。

例如，FX_{2N}-32MR 表示 FX_{2N} 系列，输入输出总点数为 32 点的基本单元，采用继电器输出形式，使用交流电源，同时 PLC 内部为输入回路提供 24V 直流电源。

3. 三菱 FX 系列 PLC 外部接线及扩展方式认识

（1）三菱 FX 系列 PLC 外部接线认识。三菱 FX 系列 PLC 的外部接线主要分成 3 个部分：PLC 工作电源回路、PLC 输入回路和 PLC 输出回路。如图 1-8 所示为 PLC 控制笼型电动机正反转的外部线路，主电路和传统继电器控制一样，区别在于控制回路。本例中三菱 FX 系列 PLC 采用交流 220V 电源作为工作电源以及输出回路的电源，输入回路的电源由 PLC 内部提供。

（2）三菱 FX 系列 PLC 扩展方式认识。FX 系列 PLC 的基本单元可以单独使用，当

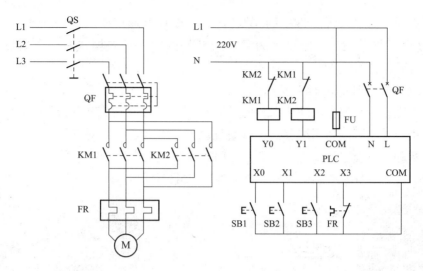

图1-8 FX系列PLC外部接线示例

SB1—启动按钮；SB2—停止按钮；SB3—点动按钮；FR—热继电器；FU—熔断器；QS—隔离开关；

QF—低压断路器；KM—交流接触器

基本单元因为输入输出点数不足或其他方面满足不了控制要求时，可以连接扩展单元、扩展模块、模拟量输入输出模块以及各种特殊功能模块，它们的高度和厚度相同，长度不同，可以安装在标准35mm DIN导轨上，彼此间通过扁平扩展电缆连接。

FX系列PLC的扩展单元和扩展模块是用于增加I/O点数和改变I/O比例的装置，两者没有CPU，因此不能单独使用，必须与基本单元一起使用。扩展单元内部有电源部件，可以外接电源；而扩展模块内部无电源部件，由基本单元或扩展单元供电，因此不需要外部接线。

如图1-9所示为FX系列PLC系统扩展方式示例，其中基本单元型号为FX$_{1N}$-60MR，

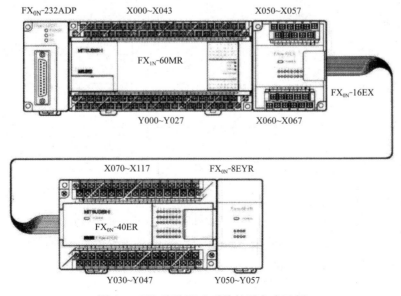

图1-9 FX系列PLC系统扩展方式示例

它连接了一个型号为 FX_{0N}-232ADP 的特殊功能模块（通信模块）、一个型号为 FX_{0N}-40ER 的 I/O 扩展单元、一个型号为 FX_{0N}-16EX 的输入扩展模块和一个型号为 FX_{0N}-8EYR 的输出扩展单元。

4. 三菱 FX 系列 PLC 编程认识

（1）编程设备和编程软件认识。PLC 编程器是实现人与 PLC 联系和对话的重要外部设备，用户不仅可以利用编程器进行编程调试，而且还可以对 PLC 的工作状态进行监控、诊断和参数设定等。三菱 FX 系列 PLC 编程主要有两种，一种是 FX-20P-E 型手持式编程器，另一种是电脑（安装编程软件），如图 1-10 所示。

（a）　　　　　　　　　（b）　　　　　　　　　（c）

图 1-10　FX 系列 PLC 编程设备和软件

（a）手持编程器；（b）GPP 编程软件；（c）FXGP-WIN/C 编程软件

（2）编程语言认识。PLC 编程语言常见的主要有梯形图、指令表和顺序功能图三种，如图 1-11 所示。另外还有逻辑块图语言和结构文本等编程语言，但应用相对较少。

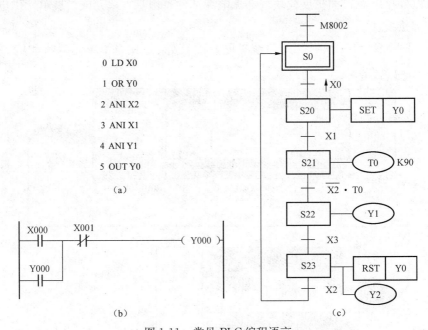

图 1-11　常见 PLC 编程语言

（a）指令表语言；（b）梯形图语言；（c）顺序功能图语言

四、知识扩展

1. PLC 主要品牌

目前世界上众多 PLC 制造厂家中，比较著名的几个大品牌有美国 AB、通用 GE，德国的西门子，法国施耐德，日本的三菱、东芝、富士和欧姆龙等，这些 PLC 占据着世界上大部分的 PLC 市场份额。

我国研制与应用 PLC 起步较晚，1973 年开始研制，1977 年开始应用，20 世纪 80 年代初期以前发展较慢，之后随着成套设备或专用设备引进了不少 PLC，例如宝钢一期工程整个生产线上就使用了数百台 PLC，二期工程使用更多。近几年来国外 PLC 产品大量进入我国市场，我国已有许多单位在消化吸收引进 PLC 技术的基础上，仿制和研制了 PLC 产品，如北京机械自动化研究所、上海起重电器厂、上海电力电子设备厂、无锡电器厂等。

2. PLC 的特点

(1) 功能完善，性价比高。一台小型 PLC 内有成百上千个可供用户使用的编程元件，有很强的功能，可以实现非常复杂的控制功能。与相同功能的继电器相比，PLC 具有很高的性能价格比，它可以通过通信联网，实现分散控制，集中管理。

(2) 硬件配套齐全，用户使用方便，适应性强。可编程序控制器产品已经标准化，系列化，模块化，配备有品种齐全的各种硬件装置供用户选用。用户能灵活方便地进行系统配置，组成不同功能、不同规模的系统。可编程序控制器的安装接线也很方便，一般用接线端子连接外部设备。

(3) 可靠性高，抗干扰能力强。传统的继电器控制系统中使用了大量的中间继电器、时间继电器。由于触点接触不良，容易出现故障，PLC 用软件代替大量的中间继电器和时间继电器，仅剩下与输入和输出有关的少量硬件，接线可减少为继电器控制系统的 $1/10 \sim 1/100$，从而使因触点接触不良造成的故障大为减少。

PLC 采取了一系列硬件和软件抗干扰措施，具有很强的抗干扰能力，平均无故障时间达到数万小时以上，可以直接用于有强烈干扰的工业生产现场，PLC 已被广大用户公认为最可靠的工业控制设备之一。

(4) 编程方便，易于掌握。梯形图是使用最多的编程语言，其电路符号和表达方式与继电器电路原理图相似，梯形图语言形象直观，易学易懂，熟悉继电器电路图的电气技术人员只要花几天时间就可以熟悉梯形图语言，并用来编制用户程序。

梯形图语言实际上是一种面向用户的高级语言，可编程序控制器在执行梯形图的程序时，用解释程序将它"翻译"成汇编语言后再去执行。

(5) 系统的设计、安装、调试工作量少。

1) PLC 用软件功能取代了继电器控制系统中大量的中间继电器、时间继电器、计数器等器件，使控制柜的设计、安装、接线工作量大大减少。

2) PLC 的梯形图程序一般采用顺序控制设计方法。这种编程方法很有规律，容易掌握。对于复杂的控制系统，梯形图的设计时间比设计继电器系统电路图的时间要少得多。

3）PLC 的用户程序可以在实验室模拟调试，输入信号用小断路器来模拟，通过 PLC 上的发光二极管可观察输出信号的状态。完成了系统的安装和接线后，在现场的统调过程中发现的问题一般通过修改程序就可以解决，系统的调试时间比继电器系统少得多。

（6）接口简单，维修方便。可编程控制器可直接与现场强电设备相连接，接口电路模块化，可以构成网路，减少继电器触点。PLC 的故障率很低，且有完善的自诊断和显示功能。PLC 或外部的输入装置和执行机构发生故障时，可以根据 PLC 上的发光二极管或编程器提供的住处迅速查明故障的原因，用更换模块的方法可以迅速地排除故障。

（7）体积小，能耗低。对于复杂的控制系统，使用 PLC 后，可以减少大量的中间继电器和时间继电器，小型 PLC 的体积相当于几个继电器大小，因此可将开关柜的体积缩小到原来的 1/2～1/10。PLC 的配线比继电器控制系统的配线要少得多，故可以省下大量的配线和附件，同时，减少大量的安装接线工时，可以减少大量费用。

3. PLC 的主要功能

可编程控制器自问世以来发展极为迅速。在工业控制方面正逐步取代传统的继电器控制系统，成为现代工业自动化生产的三大支柱之一。

（1）顺序逻辑控制。顺序逻辑控制是 PLC 最基本、最广泛的应用领域，它正逐步取代传统的继电器顺序控制。

（2）运动控制。PLC 和计算机数控（CNC）设备集成在一起，可以完成机床的运动控制。

（3）定时和计数控制。定时和计数精度高，设置灵活，且高精度的时钟脉冲可用于准确的实时控制。

（4）模拟量控制。PLC 能完成数模转换或者模数转换，控制大量的物理参数，例如，温度、压力、速度和流量等。

（5）数据处理。PLC 具备数据运算，逻辑运算、比较传送及转换等数据处理功能。

（6）通信和联网。PLC 与 PLC 之间、PLC 与上级计算机之间、PLC 与人机界面之间或 PLC 与智能装置之间通过信道连接起来，实现通信，以构成功能更强、性能更好，信息流畅的控制系统。因此 PLC 有很强的通信和联网功能。

巩固练习

1. PLC 的基本结构主要由（　　）、（　　）、（　　）、（　　）、扩展接口和通信接口等部分组成。

2. PLC 的核心部件是（　　）。

3. PLC 的一个扫描周期主要包括（　　）、（　　）、（　　）、（　　）和（　　）五个阶段。

4. 下列不属于 PLC 的外部输入设备的是（　　）。

A. 按钮　　　　　B. 限位开关　　　　　C. 指示灯

5. 下列不属于PLC的外部输出设备的是（　　）。

A. 指示灯　　　　　B. 接触器线圈　　　　　C. 继电器触点

6. PLC说明书中提到的PLC存储器容量一般指的就是（　　）存储器的容量。

A. 系统程序　　　　B. 用户程序　　　　　C. 内部数据

7. PLC内部数据存储器的存储器介质一般为（　　）。

A. ROM　　　　　B. RAM　　　　　C. EPPROM

8. PLC的"软"继电器和实际的继电器有什么区别？

9. PLC的工作方式是什么？

10. PLC按照结构形式可以分为哪两类，有什么区别？

11. 说明下列PLC的型号含义。

FX$_{2N}$-32MR　FX$_{2N}$-32ER　FX$_{1N}$-40MT　FX$_{2N}$-8EYR

12. 三菱FX系列PLC外部接线主要包括哪几部分？

13. FX系列PLC的扩展单元和扩展模块有什么区别和相同点？

14. FX系列PLC有哪几种常用的编程语言？

15. 说明PLC各部分的作用。

》》任务2　电动机长动的PLC控制

一、任务描述

　　三相笼型异步电动机的长动控制，即按下启动按钮电动机连续运行，按下停止按钮电动机停止运行。这种控制在实际工业控制系统中非常常见，如图1-12所示为采用传统继电器—接触器控制系统实现的长动电路。

　　本任务要通过可编程控制器（PLC）取代传统的继电器—接触器控制系统实现电动机的长动控制。

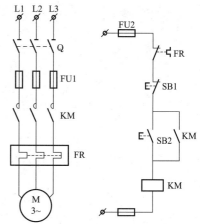

图1-12　笼型电动机长动电路

二、知识准备

　　1. 输入继电器和开关量输入接口

　　（1）输入继电器X。PLC每一个输入端子对应一个输入继电器，它是PLC接收外部输入设备输入信号的窗口。PLC通过输入接口将外部输入信号状态（接通时为"1"，断开时为"0"）读入并存储在输入映像寄存器中。

　　如图1-13所示，当按下按钮SB1时，外部输入信号通过输入端子进入PLC输入电路，使得输入继电器X0的线圈得电，在内部程序中X0的动合触点闭合，动断触点断开；当松开按钮时，线圈失电，动合触点断开，动断触点闭合。

11

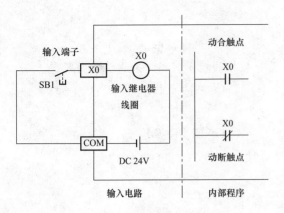

图 1-13　输入继电器等效电路

输入继电器必须由外部信号驱动，不能用程序驱动，所以在程序中不可能出现其线圈。由于输入继电器（X）为输入映像寄存器中的状态，所以其触点的使用次数不限。

FX 系列 PLC 的输入继电器以八进制进行编号，FX$_{2N}$系列 PLC 输入继电器的编号范围为 X000～X267（184 点）。其中，基本单元输入继电器的编号是固定的，扩展单元和扩展模块是按与基本单元最靠近处顺序进行编号。例如：基本单元 FX$_{2N}$-48M 的输入继电器编号为 X000～X027（24 点），如果接有扩展单元或扩展模块，则扩展的输入继电器从 X030 开始编号。基本单元 FX$_{2N}$-64M 的输入继电器编号为 X000～X037（32 点），如果接有扩展单元或扩展模块，则扩展的输入继电器从 X040 开始编号。

（2）开关量输入接口电路。常用的开关量输入接口按其使用的电源不同有三种类型：直流输入接口、交流输入接口和交/直流输入接口，其基本原理电路如图 1-14 和图 1-15 所示。

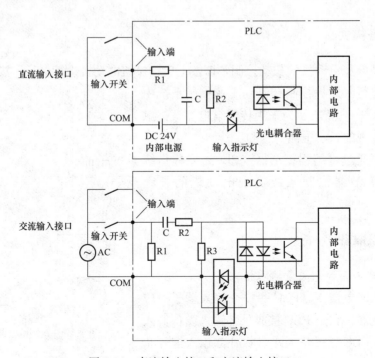

图 1-14　直流输入接口和交流输入接口

需要注意的是，有的 PLC 输入回路电源由 PLC 内部提供，例如三菱 FX 系列 PLC，如图 1-14 中直流输入接口所示；而有的 PLC 输入回路电源则需要在 PLC 外部提供，如

图 1-15 所示。

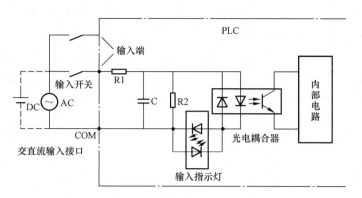

图 1-15　交/直流输入接口

　　另外，当 PLC 输入回路采用直流电源时，根据输入回路电流经过输入端子的电流流向还可以将 PLC 的输入接口分为漏型（电流从输入端子流出 PLC）、源型（电流从输入端子流进 PLC）和混合型（输入回路直流电源可反接）。

　　2. 输出继电器和开关量输出接口

　　（1）输出继电器 Y。PLC 的输出继电器是 PLC 驱动外部输出设备的窗口。当 PLC 内部程序使得输出继电器的线圈接通时，一方面该输出继电器程序内部的动合触点和动断触点分别闭合、断开（输出继电器的内部触点使用次数不受限制），另一方面在输出等效电路中与该输出继电器对应的唯一的 1 个动合触点（不一定是继电器的机械触点）闭合，通过输出端子接通外部输出设备，如图 1-16 所示。

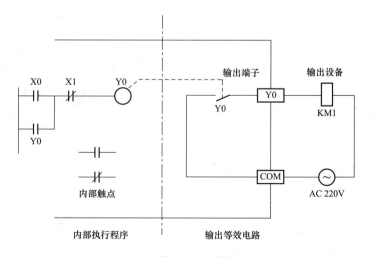

图 1-16　输出继电器等效电路

　　FX 系列 PLC 的输出继电器也是八进制编号其中 FX_{2N} 编号范围为 Y000～Y267（184 点）。与输入继电器一样，基本单元的输出继电器编号是固定的，扩展单元和扩展模块的编号按与基本单元最靠近处顺序进行编号。例如：基本单元 FX_{2N}-48M 的输出继电器编号为 Y000～Y027（24 点），如果接有扩展单元或扩展模块，则扩展的输出继电器从 Y030 开始编号。基本单元 FX$_{2N}$-64M 的输出继电器编号为 Y000～Y037（32 点），如果接有扩展单元或扩展模块，则扩展的输出继电器从 Y040 开始编号。

（2）开关量输出接口电路。常用的开关量输出接口按输出开关器件不同有三种类型：是继电器输出、晶体管输出和双向晶闸管输出，其基本原理电路如图 1-17 所示。继电器输出接口可驱动交流或直流负载，但其响应时间长，动作频率低；而晶体管输出和双向晶闸管输出接口的响应速度快，动作频率高，但前者只能用于驱动直流负载，后者只能用于交流负载。

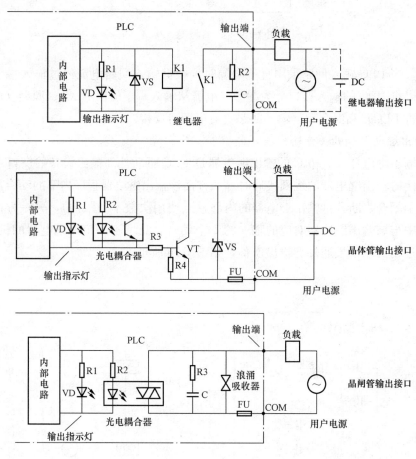

图 1-17　输出接口

三、任务实施

1. 分配 I/O

在分析完控制要求后，首先要确定 PLC 控制系统需要几个输入设备和输出设备，然后给这几个输入输出设备分配相应的输入点和输出点。本任务中，输入设备主要有启动按钮、停止按钮和热继电器，输出设备主要是接触器的线圈，它们的输入/输出点分配见表 1-1。

表 1-1   **电动机长动控制 I/O 分配表**

输入设备	输入端子	输出设备	输出端子
启动按钮 SB2 动合触点	X0	接触器 KM1 线圈	Y0
停止按钮 SB1 动合触点	X1		
热继电器 FR1 动合触点	X2		

2. 硬件安装接线

用 PLC 实现电机的长动控制，其主电路与采用传统继电器控制并无区别。本任务的控制回路主要是指 PLC 的外部接线，包括 PLC 的电源回路、输入回路和输出回路三部分。假定本任务选择的 PLC 型号是 FX$_{2N}$-48MR，在接线之前首先要弄清该 PLC 接线端子的排列以及端子功能。

（1）FX 系列 PLC 端子排列认识。如图 1-18 所示为 FX$_{2N}$-48MR 的端子排列图，可以看出 PLC 上下各两排接线端子，上面两排以输入端子 X 为主，下面两排端子以输出端子 Y 为主。

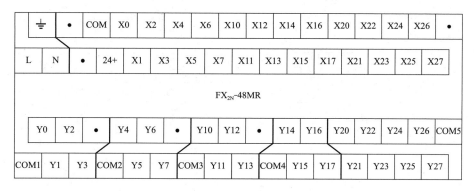

图 1-18   FX$_{2N}$-48MR 端子排列图

上面两排的端子 L、N、接地端用来连接 PLC 本身的工作电源，一般可以选择 AC 220V 交流电源。上面第一排的 COM 端是所有输入端子的公共端。端子"24＋"引自 PLC 内部 24V 直流电源的正极，可以为采用 24V 直流电源供电的传感器提供工作电源。标有黑色圆点的接线端子是空端子，不能接线。

下面两排的输出端子分成相互隔离的 5 组，公共端分别是 COM1～COM5。同一组输出必须用同一电压类型和等级的电源，不同的组采用的电源电压类型和等级可以不同。例如 Y0～Y3 的公共端是 COM1，这一组使用的电源电压可以是 AC 220V；Y4～Y7 的公共端是 COM2，这一组使用的电源电压可以是 DC 24V。

（2）绘制电气原理图。如图 1-19 所示为 PLC 长动控制电气原理图，PLC 的输入回路电源由 PLC 内部提供，PLC 的输出回路电源与 PLC 本身工作电源共用一个交流 220V 电源。

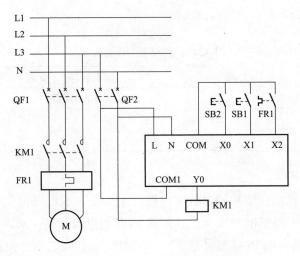

图 1-19　PLC长动控制电气原理图

试一试：根据电气原理图将下列电器元件连接在一起。

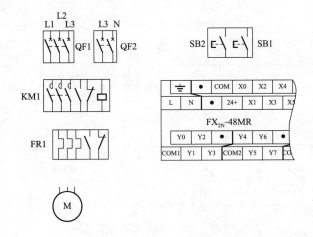

3. 编程调试

（1）打开编程软件。SWOPC-FXGP/WIN-C 是专为三菱 FX 系列 PLC 设计的编程软件，可在 Windows 3.1、Windows 9x 以上操作系统运行，如图 1-20 所示。

（2）选择 PLC 型号。在 FXGP/WIN-C 中可以通过文件下拉菜单或工具栏的"新文件"命令新建文件，首先要选择 PLC 类型，如图 1-21 所示。

（3）编辑梯形图。单击方便窗口中相应的编程元件，将会显示"输入元件"对话框，在对话框中输入编程元件的地址，单击"确认"键即可完成编程元件的输入，如图 1-22 所示。在梯形图窗口中输入如图 1-23 所示梯形图，编辑完成后按"F4"键进行转化。

梯形图编辑完成后，单击"视图"菜单的"指令表"可以查看与梯形图对应的指令表。指令表可以分成步序号、指令助记符和操作数三部分，有的指令没有操作数，例如 END 结束指令。

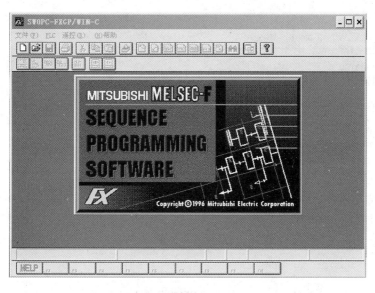

图 1-20　FX 系列 PLC 编程软件

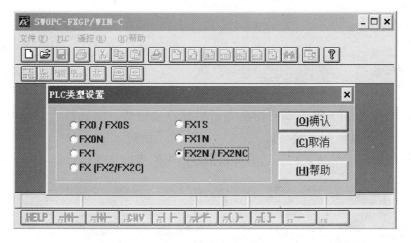

图 1-21　选择 PLC 类型

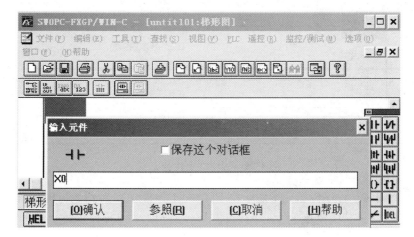

图 1-22　输入编程元件

三菱PLC控制技术应用

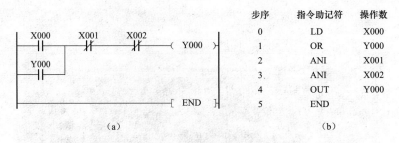

步序	指令助记符	操作数
0	LD	X000
1	OR	Y000
2	ANI	X001
3	ANI	X002
4	OUT	Y000
5	END	

（a）　　　　　　　　　　　　（b）

图 1-23　电动机长动控制梯形图和指令表

（a）梯形图；（b）指令表

图 1-23 中设计的几个指令都是最基本的逻辑指令，其功能见表 1-2。例如 LD X0 表示将输入继电器 X0 的动合触点与左母线相连，OR Y0 表示将并联输出继电器 Y0 的一个动合触点，ANI X1 表示串联输入继电器 X1 的一个动断触点，OUT Y0 表示驱动输出继电器 Y0 的线圈。

表 1-2　　　　　　　　　　三菱 FX 系列 PLC8 条基本指令

指令	功能	指令	功能
LD（取）	一个动合触点与左母线相连	LDI（取反）	一个动断触点与左母线相连
AND（与）	串联一个动合触点	AND（与反）	串联一个动断触点
OR（或）	并联一个动合触点	ORI（或反）	并联一个动断触点
END（结束）	程序结束	OUT（驱动线圈）	驱动一个线圈

（4）程序传送。将 PLC 的工作模式切换到停止模式，然后通过 PLC 下拉菜单的"传送"命令可以实现程序的"读入""写出"和"核对"，如图 1-24 所示。选择"写出"即可将程序传入 PLC，在传送前可以指定传送的步序范围以缩短传送时间。

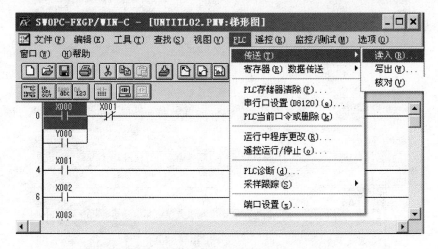

图 1-24　程序的上传与下载

（5）运行调试。程序传送完毕后，将 PLC 的工作模式切换到运行模式就可以调试运行。通过监控/测试下拉菜单的"开始监控"命令可以实现程序的在线监控，如图 1-25 所示。

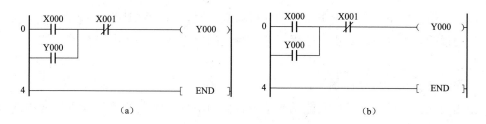

图 1-25　程序在线监控

(a) 按下启动按钮前；(b) 按下启动按钮后

四、知识拓展

1. LD、LDI、OUT 指令使用方法

(1) LD：取指令，用于动合触点与左母线的连接，表示动合触点逻辑运算的开始。使用示例如图 1-26 所示。

(2) LDI：取反指令，用于动断触点与左母线的连接，表示动断触点逻辑运算的开始。使用示例如图 1-26 所示。

使用说明：LD 和 LDI 指令一般用于单个触点和左母线的连接。另外，它们还用在新块的开始，与 ANB 和 ORB 指令配合使用。

程序步：1 步。

操作元件：X、Y、M、S、T、C。

(3) OUT：输出指令，驱动线圈的输出，将运算结果输出到指定的继电器。使用示例如图 1-26 所示。

程序步数：1 步。

操作元件：Y、M、S、T、C。

使用说明：在梯形图中线圈可以并联但不能串联，因此 OUT 指令可以连续使用。

思考：为什么 OUT 指令的操作元件里没有输入继电器 X 呢？

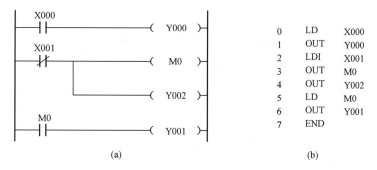

图 1-26　LD、LDI、OUT 指令在梯形图中的表示

(a) 梯形图；(b) 语句表

2. AND、ANI 指令使用方法

(1) AND：与指令，表示单个动合触点的串联，示例如图 1-27 所示。

19

（2）ANI：与非指令，用于单个动断触点的串联，示例如图 1-27 所示。

使用说明：AND 和 ANI 只能用于单个触点的串联，重复使用的次数不限。

程序步：1 步。

操作元件：X、Y、M、S、T、C。

使用说明：AND 和 ANI 只能用于单个触点的串联，触点的数量和重复使用的次数不限。

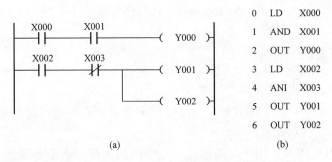

(a)　　　　　　　　　　　　　　　　(b)

图 1-27　AND、ANI 指令在梯形图中的表示

（a）梯形图；（b）指令表

电路执行完 OUT 指令后，通过触点对其他线圈执行 OUT 指令，叫作"纵接输出"。如图 1-28 所示。

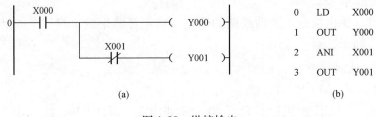

(a)　　　　　　　　　　　　　　　　(b)

图 1-28　纵接输出

（a）梯形图；（b）语句表

3. OR、ORI

（1）OR：或指令，用于单个动合触点的并联，示例如图 1-29 所示。

（2）ORI：或非指令，用于单个动断触点的并联，示例如图 1-29 所示。

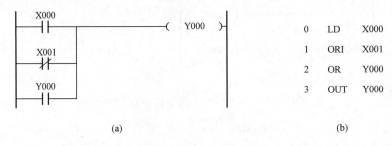

(a)　　　　　　　　　　　　　　　　(b)

图 1-29　OR 和 ORI 指令在梯形图中的表示

（a）梯形图；（b）语句表

使用说明：OR 和 ORI 只能用于单个触点的并联，重复使用的次数不限。

程序步数：1 步。

操作元件：X、Y、M、S、T、C。

4．SET、RST

（1）功能：置位指令 SET 使操作元件置位并保持，复位指令 RST 使操作元件复位恢复清零状态，使用示例如图 1-30 所示。

（2）使用注意事项：

1）SET 指令的目标元件为 Y、M、S；RST 指令的目标元件为 Y、M、S、T、C、D、V、Z。RST 指令常被用来对 D、Z、V 的内容清零，还用来复位积算定时器和计数器。

2）对于同一目标元件，SET、RST 可多次使用，顺序也可随意，但最后执行者有效。

3）SET 和 RST 指令具有保持功能。

图 1-30　SET、RST 指令的使用示例

（a）梯形图；（b）语句表；（c）时序图

（3）SET/RST 也可以实现自锁控制，图 1-31 中两种电路功能等效。

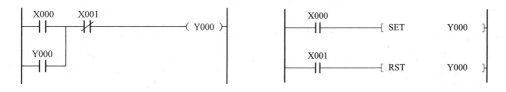

图 1-31　SET、RST 指令的使用示例

5．END

END 表示程序结束，返回起始地址。

使用说明：END 无操作元件；它除用于程序结束外，还可用于复杂程序的分段调试。

巩固练习

1．输入继电器的线圈能否出现在梯形图中？

2．在梯形图中同一个元件的触点使用次数是否有限制？

3．FX 系列 PLC 的输入回路电源是 PLC 内置还是外置的？是直流的还是交流的？

4. 用 FX$_{1N}$-40MT 驱动一个交流接触器线圈应如何实现？

5. FX$_{2N}$-48MR 中标有黑色圆点的端子是否应该接线？

6. FX 系列 PLC 输出回路的电源是否是 PLC 内置的？

7. FX$_{2N}$-48MR 不同的输出组能否将公共端短接？

8. FX$_{2N}$-48MR 中 24＋端子的作用是什么？

9. FX 系列 PLC 在传送程序时必须处于什么模式？

10. AND X1 代表什么意思？

11. 如果把图 1-19 中 FR1 的动合触点换成动断触点，梯形图应作如何变化，为什么？

12. 结合 PLC 等效电路图说明电动机长动控制的工作原理（见图 1-32）。

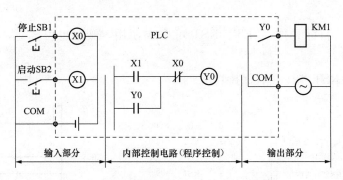

图 1-32　电动机长动控制 PLC 内部等效电路

》任务 3　电动机长动点动切换的 PLC 控制

一、任务描述

三相笼型异步电动机的点动长动切换控制，即按下点动按钮电动机点动运行，按下长动按钮电动机连续运行，按下停止按钮电动机停止运行。这种控制在实际工业比较常见，例如机床在快速移动刀具时一般使用点动控制，在进给加工时一般使用连续控制。

二、知识准备

1. 辅助继电器 M

PLC 的辅助继电器在程序中的作用类似于继电器—接触器电路中的中间继电器，它既不能直接引入外部输入信号，也不能直接驱动外部负载，主要起状态暂存、辅助运算等功能。有的时候，恰当地使用辅助继电器，还能够起到简化程序结构的作用。

FX$_{2N}$ 系列 PLC 辅助继电器采用 M 与十进制数共同组成编号，它的动合与动断触点在 PLC 内部编程时没有使用次数的限次。

（1）通用辅助继电器（M0～M499）。FX$_{2N}$ 系列 PLC 共有 500 点通用辅助继电器。通用辅助继电器没有失电保持功能，当 PLC 运行时突然失电，则全部线圈复位，当电源恢复时，除了因外部输入信号而接通的以外，其余的仍将保持断开的状态。

根据需要可通过程序设定，将 M0～M499 变为失电保持辅助继电器。

（2）失电保持辅助继电器（M500～M3071）。与普通辅助继电器不同的是失电保持辅助继电器具有失电保护功能，当PLC电源中断时保持其原有的状态，并在重新得电后再现其状态。其中M500～M1023可由软件将其设定为通用辅助继电器。

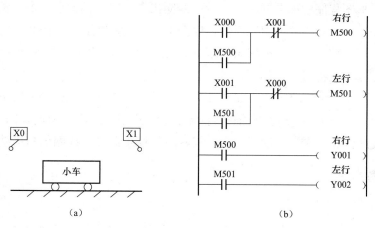

图1-33 小车自动往复运行示意图及梯形图

（a）示意图；（b）梯形图

如图1-33所示，假设小车现在位于左限位X0处，小车自动右行，当到达右限位处停止，然后自动左行，到达左限位X0处又重新右行，如此往复循环。如果在PLC运行中突然停电，特殊辅助继电器M500和M501可以"记住"停电前的状态，当电源恢复时，能够使系统按照停电前的状态继续运行。

（3）特殊辅助继电器。FX_{2N}系列PLC有256个特殊辅助继电器，可分成两大类：

1）只能使用其触点，线圈由PLC自行驱动。

M8000：运行监视器（在PLC运行中接通），M8001与M8000相反逻辑。

M8002：初始脉冲（仅在运行开始时瞬间接通），M8003与M8002相反逻辑。

M8011、M8012、M8013和M8014分别是产生10ms、100ms、1s和1min时钟脉冲的特殊辅助继电器。

如图1-34所示为M8000、M8002和M8011的波形图。

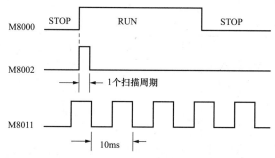

图1-34 M8000、M8002、M8011波形图

2）可以由用户驱动线圈。

M8033：若使其线圈得电，则PLC停止时保持输出映像存储器和数据寄存器内容。

M8034：若使其线圈得电，则将 PLC 的输出全部禁止。

M8039：若使其线圈得电，则 PLC 按 D8039 中指定的扫描时间工作。

2. "双线圈"现象

在一段梯形图程序中如果同一个元件的线圈出现两次或两次以上的现象称为"双线圈"现象，根据 PLC 自左至右、自上而下的顺序逐行扫描程序机制，该元件的通断状态取决于最后一个线圈的状态。

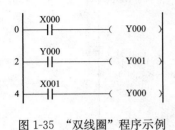

图1-35 "双线圈"程序示例

如图 1-35 所示，假如 X0 得电、X1 失电，则程序最后扫描执行的结果是 Y0 失电而 Y1 得电，因为 Y0 线圈出现了两次，其状态取决于第二个线圈的扫描结果。

三、任务实施

1. 分配 I/O

分析完控制要求后，首先要确定 PLC 控制系统需要几个输入设备和输出设备，然后给这几个输入输出设备分配相应的输入点和输出点。本任务中，输入设备有启动按钮、停止按钮和热继电器，输出设备是接触器的线圈，它们的输入/输出点分配如表 1-3 所示。

表 1-3　　　　　　　　　　电动机长动点动控制 I/O 分配表

输入设备	输入端子	输出设备	输出端子
点动按钮 SB1 动合触点	X0	接触器 KM1 线圈	Y0
长动按钮 SB2 动合触点	X1		
停止按钮 SB3 动合触点	X2		
热继电器 FR1 动合触点	X3		

2. 硬件安装接线

图 1-36 所示为电动机长动点动切换控制电气原理图，可以看出其主电路与电动机长动控制相同，只是在 PLC 的外部输入回路增加了一个点动按钮。

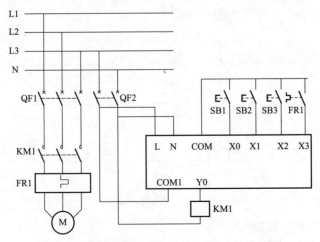

图 1-36　电动机长动点动切换控制电气原理图

试一试：根据图 1-36 将图 1-37 所示电气元件连接起来。

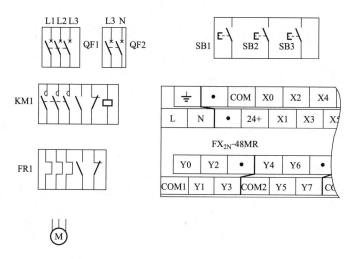

图 1-37 电气元件

3. 编程调试

某同学根据控制要求设计梯形图如图 1-38 所示，梯形图编辑完成后转化并传入 PLC，调试运行时发现电动机点动有效，而按下电动机长动按钮时电机也只能点动而不能连续运行。

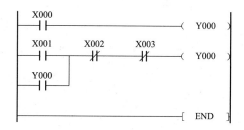

图 1-38 某同学设计的梯形图

错误原因：梯形图中输出继电器 Y0 的线圈出现了两次。PLC 在扫描程序时是按照从左至右，自上而下的顺序逐行扫描执行的，当同一个元件的线圈出现两次或两次以上时，相互之间会产生冲突使得程序无法得到预期的效果。

修改方案：分别利用辅助继电器 M1 和 M2 来代表电动机点动运行和长动运行两种情况，然后将 M1 和 M2 逻辑相或来驱动输出继电器 Y0 的线圈，其梯形图如图 1-39 所示。

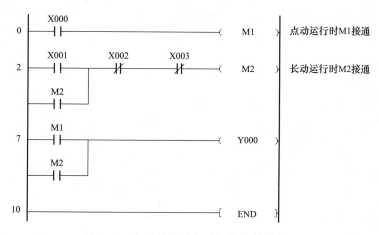

图 1-39 电动机长动点动切换控制梯形图

四、知识拓展

1. 梯形图编程原则

（1）起始于左母线、终止于右母线，以 END 指令结尾；

（2）同一个编程元件的线圈不能出现两次或两次以上，除非能够通过跳转或子程序调用等功能指令使它们不被同时扫描执行；

（3）线圈的右边不能有触点；

（4）线圈一般不能和左母线直接相连；

（5）线圈可以并联，但是不能串联。

2. ANB 和 ORB 指令

（1）ANB，电路块与指令。表示将电路块的始端与前一个电路串联连接。

程序步数：1。

操作元件：无。

示例如图 1-40 所示。

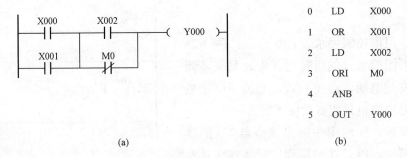

（a）

```
0   LD    X000
1   OR    X001
2   LD    X002
3   ORI   M0
4   ANB
5   OUT   Y000
```

（b）

图 1-40　ANB 指令在梯形图中的表示

（a）梯形图；（b）指令表

使用说明：每个电路块都要以 LD 或 LDI 为开始。ANB 指令使用次数不受限制，也可以集中起来使用。

（2）ORB，电路块或指令。表示将电路块的始端与前一个电路并联连接。

程序步数：1。

操作元件：无。

示例如图 1-41 所示。

使用说明：如果有 n 个电路块串联（或并联），ANB（或 ORB）指令应使用 $n-1$ 次。另外两者均可分开或集中使用，如图 1-42 所示。

3. INV 取反指令

执行该指令后将原来的运算结果取反。反指令的使用如图 1-43 所示，如果 X0 断开，则 Y0 为 ON，否则 Y0 为 OFF。

4. NOP 空操作指令

执行 NOP 时并不做任何事，有时可用 NOP 指令短接某些触点或用 NOP 指令将不

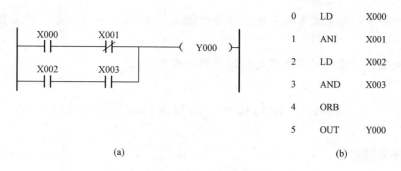

图 1-41 ORB 指令在梯形图中的应用

(a) 梯形图；(b) 语句表

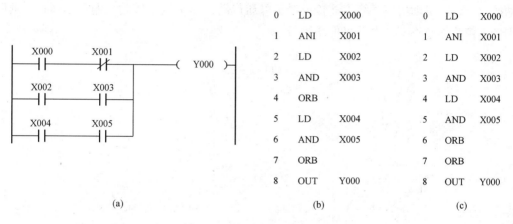

图 1-42 ORB 指令应用示例

(a) 梯形图；(b) 指令表一；(c) 指令表二

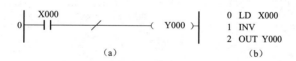

图 1-43 INV 指令在梯形图中的应用形式

(a) 梯形图；(b) 指令表

要的指令覆盖。当 PLC 执行了清除用户存储器操作后，用户存储器的内容全部变为空操作指令。NOP 指令占一个程序步。

巩固练习

1. 通用辅助继电器和失电保持辅助继电器有什么区别？

2. 特殊辅助继电器 M8000 和 M8002 的作用是什么？

3. 梯形图中同一个元件的线圈能否出现两次，为什么？

4. 本任务中如果不将热继电器作为 PLC 的输入设备，还可以用什么方法来实现电动机过载保护？

三菱PLC控制技术应用

5. 本任务中，如果使用热继电器的动断触点作为 PLC 输入设备，梯形图程序应作如何改动？

6. 辅助继电器在实现复杂逻辑控制中的作用是什么？

》任务4　电动机星三角减压启动的 PLC 控制

一、任务描述

笼型电动机星三角减压启动是非常常见的一种电动机启动控制，用于降低电动机启动时的电流。如图 1-44 所示为笼型电动机星三角减压启动控制的继电器线路，按下启动按钮 SB1，电动机定子绕组连接成星型降压启动，3s 后自动转为三角形运行；任何时刻按下停止按钮 SB2，电动机停止运行。

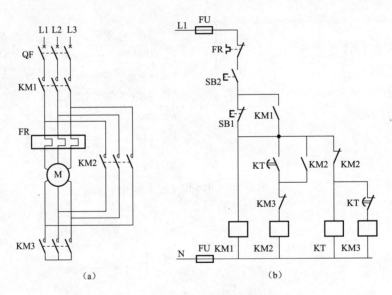

图 1-44　笼型电动机星三角减压启动继电器线路
(a) 主电路；(b) 继电器控制线路

二、知识准备

1. 定时器 T

PLC 的定时器相当于继电器系统中的时间继电器，但三菱 PLC 中的定时器只有通电延时功能。PLC 定时器工作原理：定时器线圈接通时，定时器对时钟脉冲（1ms、10ms、100ms）累积计数，当所计数达到设定值时，其触点动作（动合闭合，动断断开）。其中设定值可用常数 K、H 或数据寄存器 D 的内容来设定，其中 K 表示十进制整数，H 表示十六进制数。设定值用 K 来设定时，取值范围为 1～32 767。

定时器中有一个设定值寄存器、一个当前值寄存器和一个用来存储其输出触点的映像寄存器（一个二进制位）组成，这三个量使用同一地址编号，但使用场合不一样，意

28

义也不同。

三菱 FX_{2N} 系列 PLC 中定时器分为常规（通用）定时器和积算定时器两种。

（1）通用定时器。三菱 FX_{2N} 系列 PLC 的通用定时器有 100ms 和 10ms 通用定时器两种，这种定时器不具备失电保持功能，当定时器线圈断开时，当前值寄存器和全部触点复位。

1）100ms 通用定时器（T0～T199）：共 200 点，这类定时器是对 100ms 时钟脉冲累积计数，设定值为 1～32 767，所以其延时范围为 0.1～3276.7s。

2）10ms 通用定时器（T200～T245）：共 46 点，这类定时器是对 10ms 时钟脉冲累积计数，设定值为 1～32 767，所以其延时范围为 0.01～327.67s。

如图 1-45 所示，当输入继电器 X0 动合触点闭合时，100ms 通用定时器 T0 线圈接通，从 0 开始对 100ms 时钟脉冲进行计数，当当前值寄存器计数值与设定值寄存器设定值相等即延时 2s 时，定时器的动合触点闭合，接通输出继电器 Y1。当输入继电器 X0 动合触点断开时，定时器马上复位，当前值寄存器清零，所有触点全部复位。

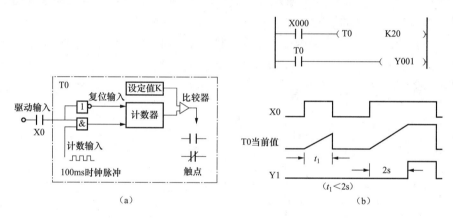

图 1-45　通用定时器应用示例

（a）定时器等效电路；（b）梯形图和波形图

（2）积算定时器。积算定时器在延时过程中如果发生 PLC 失电或定时器线圈断开的情况，当前值寄存器能够保持当前的计数值不变，PLC 重新得电或定时器线圈重新接通后继续累积，即其当前值具有保持功能，只有将积算定时器复位，当前值才变为 0。

1）100ms 积算定时器（T250～T255）：共 6 点，对 100ms 时钟脉冲进行累积计数，设定值为 1～32 767，延时的时间范围为 0.1～3276.7s。

2）1ms 积算定时器（T246～T249）：共 4 点，对 1ms 时钟脉冲进行累积计数，设定值为 1～32 767，延时的时间范围为 0.001～32.767s。

如图 1-46 所示，当输入继电器 X0 动合触点闭合时，积算定时器 T250 接通并从 0 开始对 100ms 时钟脉冲计数，当前值寄存器的计数值未达到设定值时 X0 动合触点断开，定时器的当前值寄存器计数值保持不变，当 X0 动合触点再次闭合后，T250 当前值寄存器在原先的计数值基础上累计计数，直到其计数值等于设定值，T250 动合触点接通输出继电器 Y1。当输入继电器 X1 动合触点闭合时，积算定时器 T250 被复位。

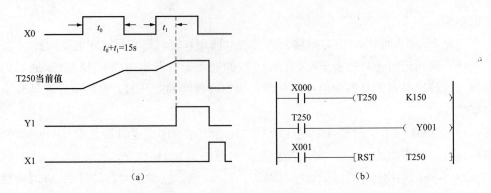

图 1-46　积算定时器程序示例

(a) 波形图；(b) 梯形图

需要注意的是不同型号的三菱 FX 系列 PLC，定时器的数量和范围也有所不同。

2. 动断触点输入信号的处理

外部输入设备一般采用动合触点连接到 PLC 的输入端子，但有的时候也会出现用动断触点连接输入端子的情况，这时需要在编程时对程序中相应的点有所调整。

如图 1-47 和图 1-48 所示，两个程序都是起保停电路，但是图 1-47 中停止按钮用的是动合触点，程序中对应的输入继电器 X1 需要采用动断触点；而图 1-48 中停止按钮用的是动断触点，程序中对应的输入继电器 X1 就要采用动合触点，否则程序就无法正常运行。

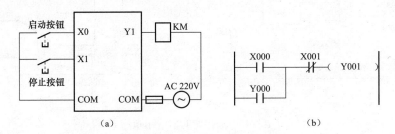

图 1-47　停止按钮使用动合触点的起保停电路

(a) PLC 输入/输出接线图；(b) 梯形图

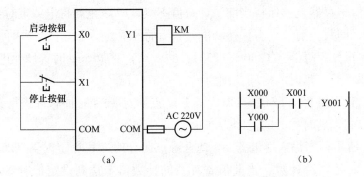

图 1-48　停止按钮使用动断触点的起保停电路

(a) PLC 输入/输出接线图；(b) 梯形图

这两个同样功能的电路之所以程序不同，就是因为外部停止按钮连接到 PLC 的触点形式不同。需要注意，PLC是不能够识别外部输入设备到底是采用动合还是动断触点的，它只能识别PLC输入回路的通断，因此PLC外部输入设备用动合触点或动断触点都可以，但是程序中对应的内部元件用什么触点需要根据输入设备的功能和外部触点形式综合考虑。

三、任务实施

1. I/O分配

笼型电动机星三角减压启动控制的I/O分配表见表1-4。

表 1-4　　　　　　　　　　**电动机星三角减压启动的I/O分配表**

输入信息			输出信息		
名称	文字符号	输入地址	名称	文字符号	输出地址
启动按钮	SB1	X0	主交流接触器	KM1	Y0
停止按钮	SB2	X1	星形交流接触器	KM2	Y1
热继电器	FR（动断触点）	X2	三角形交流接触器	KM3	Y2

2. PLC外部接线

图1-49为PLC外部接线图，为了增加控制系统的可靠性，在PLC的外部控制电路中加入了KM2和KM3的互锁。

3. 梯形图编程

图1-50为三相笼型异步电动机Y-△减压启动的梯形图程序。按下启动按钮SB1，X0接通，Y0接通并自保持，主接触器 KM1接通，同时，星形接触器 KM3接通，电动机减压启动。延时3s后，Y2断开，Y1接通，使得星形接触器 KM3断开，三角形接触器 KM2接通，电动机转入正常运行；按下启动按钮SB2或电动机过载时，X1动断触点或X2动合触点断开使Y0失电，Y1和Y2

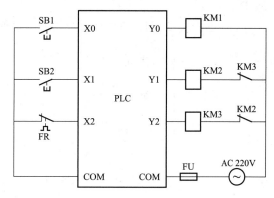

图 1-49　PLC外部接线图
（PLC总电源部分省略未画）

也立即失电，电动机停止运转。为了使程序更加可靠，Y1和Y2线圈互锁，如此则该PLC控制系统具有"硬""软"双重互锁。

四、知识拓展

1. 堆栈指令 MPS、MRD、MPP

堆栈是PLC中一段特殊的存储区域，从上到下分为11层，按照"先进后出、后进先出"的原则进行存取。MPS、MRD、MPP指令分别为进栈、读栈和出栈指令。

（1）MPS（Push）：进栈指令。将逻辑运算结果压入堆栈的第一层，堆栈中原先各层的数据依次向下移动一层。

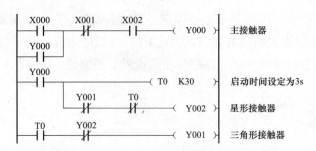

图 1-50　电动机星-三角启动梯形图

（2）MRD（Read）：读栈指令。是读出栈顶数据的专用指令，在使用 MRD 指令时，栈内的数据不发生上弹或下压的传送。

（3）MPP（POP）：出栈指令。堆栈内各层数据依次向上一层栈单元传送，栈顶数据在弹出后就从栈内消失。

程序步数：均为 1 步。

操作元件：无。

示例如图 1-51 所示。

使用说明：

（1）MPS 和 MPP 分别是数据进栈和出栈的指令，必须配对使用，连续使用的次数应少于 11 次。

（2）MPS、MRD、MPP 指令均不带操作元件，其后不跟任何软组件编号。

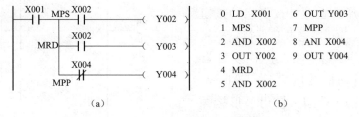

图 1-51　MPS/MRD/MPP 指令在梯形图中的表示

（a）梯形图；（b）指令表

如图 1-52 所示为使用两层堆栈的示例。

0 LD X000	9 MPP
1 MPS	10 AND X002
2 AND X001	11 MPS
3 MPS	12 ANI M3
4 AND M1	13 OUT Y003
5 OUT Y001	14 MPP
6 MPP	15 ANI M4
7 AND M2	16 OUT Y004
8 OUT Y002	

（a）

（b）

图 1-52　MPS、MRD、MPP 指令应用示例

（a）梯形图；（b）指令表

2. 主控触点指令 MC、MCR

（1）MC：主控指令。公共串联接点的连接指令，在主控电路块起点使用（公共串联接点为新起母线）。

（2）MCR：主控复位指令。MC 指令的复位指令，在主控电路块终点使用。

程序步数：MC 3 步。

　　　　　　MCR 2 步。

操作元件：Y M，常数 N 为嵌套数，选择范围为 N0～N7。

示例如图 1-53 所示。

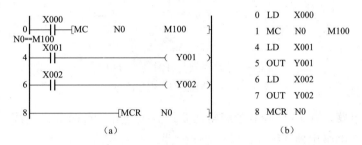

图 1-53　MC/MCR 指令在梯形图中的应用

(a) 梯形图；(b) 指令表

使用说明：

1）在图 1-53 中，当 X000 接通时，执行 MC 与 MCR 之间的指令。当输入断开时，MC 与 MCR 之间的元件为如下状态：

保持当前状态的元件：积算计时器、失电保持的计数器以及用 SET 和 RST 指令驱动的元件。

变成断开的元件：普通计时器、计数器以及用 OUT 指令驱动的软元件。

2）MC 指令后，母线（LD，LDI）移至 MC 触点之后，要返回原母线，需用返回指令 MCR。MC 和 MCR 指令必须配对使用。

3）使用不同的 Y，M 元件号，可多次使用 MC 指令。

4）MC 指令可多次嵌套使用，即在 MC 指令内再使用 MC 指令时，嵌套级数编号就由小增大，返回时用 MCR 指令，按从大到小的嵌套级开始解除。

3. 定时器典型应用

（1）失电延时。三菱 FX 系列 PLC 的计时器只有得电延时功能，如果要实现失电延时功能就必须要通过失电延时电路，如图 1-54 所示。

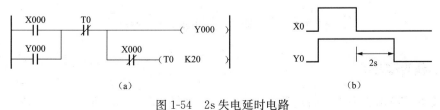

图 1-54　2s 失电延时电路

(a) 梯形图；(b) 时序图

上图中，当X0接通时，Y0接通；当X0断开时，计时器T0开始延时，2s后延时时间到，其动断触点断开，Y0断开。

（2）定时关断。如图1-55（a）、（b）所示，当X0接通时，Y0接通，同时计时器T0开始延时；3s后延时时间到（X0已断开），T0动断触点断开，Y0和T0断开。这里X0接通的时间不能超过T0的延时时间，否则3s后T0断开，其动断触点闭合复位，Y0又接通了。

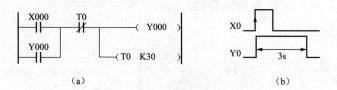

图1-55　计时器与计时器串级电路

（a）梯形图；（b）时序图

（3）闪烁电路。在PLC控制中经常需要用到接通和断开时间比例固定的交替信号，可以通过特殊辅助继电器M8013（1s时钟脉冲）等来实现，但是这种脉冲脉宽不可调整，可以通过下面的电路来实现脉宽可调的闪烁电路，如图1-56所示。

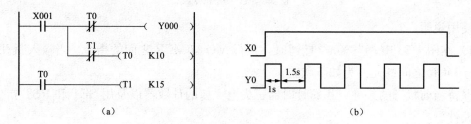

图1-56　先通后断的闪烁电路

（a）梯形图；（b）时序图

巩固练习

1. 三菱FX系列PLC的定时器一般分为几种，其原理是什么？

2. 三菱FX系列PLC的定时器有没有失电延时定时器，如果没有如何实现失电延时控制？

3. 三菱FX系列PLC的定时器当前值和设定值有什么区别？

》任务5　三条皮带机顺序启停控制

一、任务描述

某皮带输送系统中有三条皮带机，分别用电动机M1、M2、M3驱动，如图1-57所示，控制要求如下：

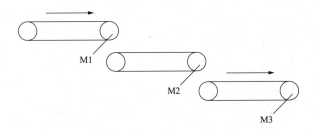

图 1-57 皮带输送系统示意图

（1）按下启动按钮，最后一条皮带先启动即电动机 M3 先运行，每延时 3s 后，依次启动其他皮带机，即按 M3→M2→M1 的顺序依次启动（逆物流方向启动）；

（2）按下停止按钮，先停最前面一条皮带即电动机 M1 先停止，每延时 5s 后，依次停止其他皮带机，即按 M1→M2→M3 的顺序依次停止（顺物流方向停止，防止物料堵塞）；请设计相应系统。

（3）每条皮带在其两侧各有两根拉绳（相当于急停按钮），系统应如何改进？

二、知识准备

一般来说，用于设备紧急停止的急停按钮和超程保护的极限限位开关等在接线时最好使用它们的"动断触点"而且必须具有自锁功能。比如某机电设备体积较大，为了方便进行急停操作，在设备的三个位置安装了作用相同的三个急停按钮，在任何一个位置按下急停按钮都可以使设备急停。我们可以采用图 1-58 和图 1-59 所示的两种电路来接线，图中 JSB 为急停按钮，SB 为启动按钮。

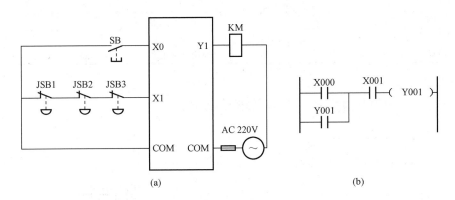

图 1-58 急停按钮串联的急停电路

（a）PLC I/O 接线图；（b）梯形图

一般来说，在实际应用的大中型 PLC 控制系统中，急停保护以及极限超程保护等比较重要的安全保护电路，一般放在 PLC 外部的交流控制电路中直接切断输出设备，这样即使在 PLC 发生故障时安全电路仍然能够起作用，这种保护称之为"硬保护"。而图 1-58 和图 1-59 都是将保护信号引入 PLC 程序中起作用，称之为"软保护"。

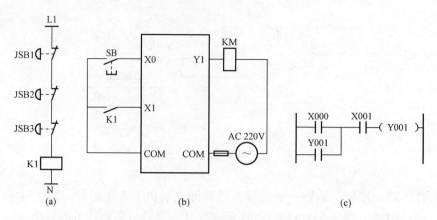

图 1-59 采用中间继电器的急停电路

（a）交流控制电路；（b）PLC I/O 接线图；（c）梯形图

注意，为了方便，图 1-58 和图 1-59 所示电路没有画出正常的停止按钮，但是急停按钮和一般的停止按钮功能不同，一般不能互相取代。大多数机械的操作规程中都明确规定不能用急停按钮来进行正常的停止操作。

三、任务实施

1. I/O 分配

皮带顺序启停控制的 I/O 分配表见表 1-5。

表 1-5   **皮带机顺序启停的 I/O 分配表**

输入信息			输出信息		
名称	文字符号	输入地址	名称	文字符号	输出地址
启动按钮	SB1	X0	M1 交流接触器	KM1	Y0
停止按钮	SB2	X1	M2 交流接触器	KM2	Y1
热继电器	FR1、FR2、FR3	X2	M3 交流接触器	KM3	Y2

2. 硬件安装接线

皮带顺序启停控制的控制电路图，如图 1-60 所示。

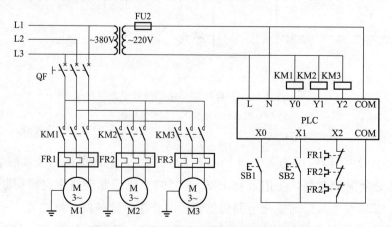

图 1-60 皮带机顺序启停控制电气原理图

试一试：根据图 1-60 将下列电气元件连接起来。

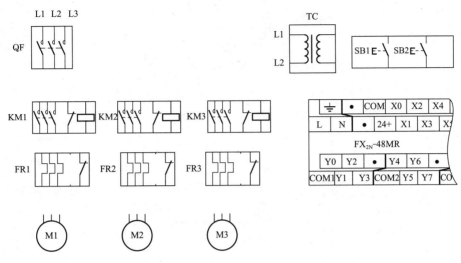

3. 编程调试

某同学根据控制要求设计梯形图如图 1-61 所示，梯形图编辑完成转化后传入 PLC，调试运行时发现按下停止按钮时，电动机 M1 立即停止，但松开停止按钮，电动机 M1 又开始运行，直到电动机 M2 停止时电动机 M1 同时停止。

现象分析：按下停止按钮，X1 的动断触点断开，Y0 线圈失电，电动机 M1 停止运行；由于按钮没有保持功能，松开停止按钮，X1 的动断触点闭合，Y0 线圈得电，M1 又恢复运行；直到 T3 定时时间到，其动断触点断开，Y1、T2 线圈失电，T2 动合触点断开 Y0 线圈失电，导致电动机 M1、M2 同时停止运行。

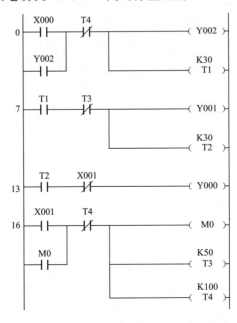

图 1-61 某同学设计的皮带机顺序启停梯形图

修改方案：利用辅助继电器 M0 的动断触点代替 X1 的动断触点，就能解决上述问题，改进后的梯形图如图 1-62 所示。

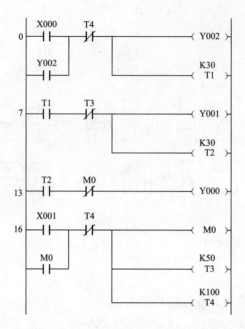

图 1-62　皮带机顺序启停控制梯形图

巩固练习

以某港 20 万吨系统 1 号流程为例，ZHX1、2、3→BC1→BC2→GJ1a→BC4→DJ1。此流程用到了三条皮带机，至少需要三台电动机来拖动，正常情况下，按下启动按钮电动机 M3 启动 3s 后 M2 启动、M2 运行 3s 后 M1 启动（逆物流方向），按下停止按钮电动机 M1 停止，依次间隔 5s M2、M3 停止（顺物流方向停止，防止物料堵塞）；当某条皮带机发生故障时，该皮带机及前面的皮带机立即停下，而后面的皮带机按停止顺序依次停止，请设计相应系统。

运料小车的 PLC 控制

≫ 任务 1 电动机正反转控制

一、项目任务

按下正转启动按钮，电动机开始正转；按下反转的启动按钮，电动机反转；任何时刻按下停止按钮，电动机停止运行。

二、知识准备

在实际工作中，生产机械常常需要运动部件可以实现正反两方向运动，这就要求电动机能够实现可逆运行。图 2-1 为三相异步电动机可逆运行控制电路。图中 SB1 为停止按钮、SB2 为正转启动按钮、SB3 为反转启动按钮，KM1 为正转接触器、KM2 为反转接触器。从主电路分析可以看出，若 KM1、KM2 同时得电动作，将造成电源两相短路，在图 2-1（b）中，如果按下了 SB1，再按下 SB2 就会出现这一事故现象。

为避免这一现象的发生，将 KM1、KM2 辅助动断触点分别串接在对方线圈电路中，见图 2-1（c），利用两个接触器的动断辅助触点形成相互制约的控制，称为电气互锁。

对于要求频繁实现可逆运行的情况，可采用图 2-1（d）的控制电路。它是在图 2-1（c）电路基础上，将正向启动按钮 SB2 和反向启动按钮 SB3 的动断触点串接在对方动合触点电路中，利用按钮的动合、动断触点的机械连接，在电路中形成相互制约的控制。这种接法称为机械互锁。

这种具有电气、机械双重互锁的控制电路是常用的、可靠的电动机可逆运行控制电路，它既可以实现正向—停止—反向—停止的控制，又可以实现正向—反向—停止的控制。

注意：正反转电路中电气互锁（接触器互锁）是必不可少的保护，是不能用机械互锁（按钮互锁）来取代的，否则当发生接触器"熔焊"时进行正反转切换将会造成两相短路。

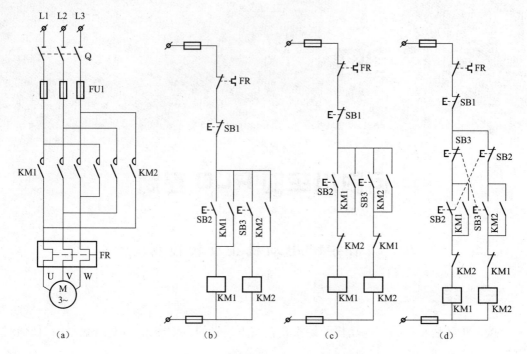

图 2-1　三相异步电动机可逆运行电路

（a）主电路；（b）无互锁；（c）电气互锁；（d）双重互锁

三、项目实施

1. 正确选择输入/输出设备并列写 I/O 分配表

电动机正反转 I/O 分配表见表 2-1：

表 2-1　　　　　　　　　　电动机正反转的 I/O 分配表

输入信息			输出信息		
名称	文字符号	输入地址	名称	文字符号	输出地址
正转启动按钮	SB1	X0	正转交流接触器	KM1	Y0
反转启动按钮	SB2	X1	反转交流接触器	KM2	Y1
停止按钮	SB3	X2			
热继电器	FR	X3			

2. 硬件安装接线

利用程序实现的软件互锁从理论上是可以解决 KM1 和 KM2 同时得电的问题的，但是由于 PLC 的扫描周期和接触器的动作时间不匹配，使得软件的互锁不能解决硬件 KM1 和 KM2 同时得电的问题。因此，必须在 PLC 的硬件接线中加入 KM1 和 KM2 的电气互锁。

电动机正反转接线图，如图 2-2 所示。

把图 2-2 所示 PLC 的接线图与电动机正反转的主电路连接起来得到它的控制电路，如图 2-3 所示。

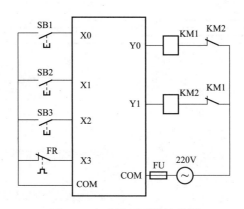

图 2-2　电动机正反转接线图

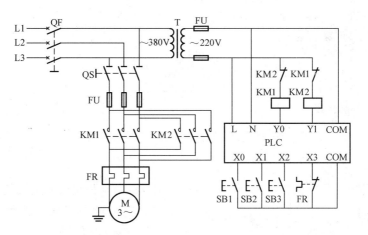

图 2-3　电动机正反转控制电路

试一试：根据图 2-3 将下列电气元件连接起来。

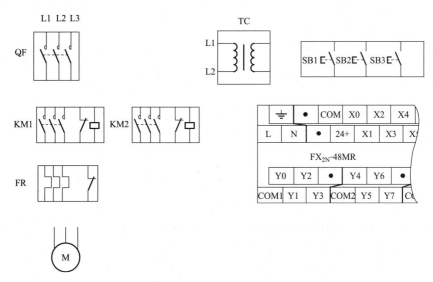

电动机正反转 PLC 整体布局图，如图 2-4 所示。

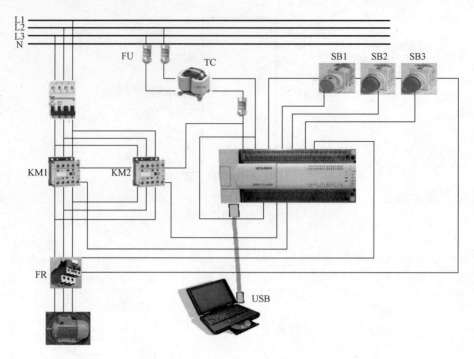

图 2-4　电动机正反转整体布局

3. 程序编程

设计电动机正反转的梯形图程序时，可分别设计电动机正转和电动机反转控制的梯

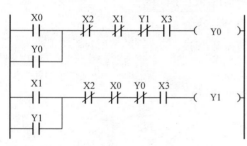

图 2-5　电动机正反转梯形图

形图，把正转程序和反转程序整合到一块加上互锁，即得到电动机正反转的梯形图，如图 2-5 所示。

4. 演示操作

（1）认识 PLC 实验台，找到本次实训所用的实验面板，并正确接线，检查无误后，接通实验台电源；

（2）接通电源后，把 PLC 的运行开关拨到 STOP 状态；

（3）打开计算机中的编程软件，并编写图 2-5 所示的控制程序后，下载给 PLC；

（4）把 PLC 运行开关拨到 RUN 状态，运行程序观察结果，反复调试，直至满足要求为止。

巩固练习

1. 为了减轻正反转换向瞬间电流对电动机的冲击，应该适当延长变换过程。控制要求为：按下正转启动按钮，立即切断反转电源，电动机延时 5s 开始正向运转（即上升状态）；按下反转启动按钮，立即切断正转电源，延时 5s 再接通反转（即下降状态），任何时刻按下停止按钮，电动机停止运行。

2. 用PLC控制三相异步电动机定时正反转交替工作。控制要求为：按下启动按钮，电动机正转10s，反转10s，交替循环3次自动停车；任何时刻按下停止按钮，电动机停止运行。

》任务2 两地自动往返送料小车控制

一、任务描述

如图2-6所示：设小车在初始位置时停在左边，限位开关SQ1为ON。按下启动按钮SB1后，小车开始右行，碰到右限位开关SQ2到达装料点，小车停止右行，小车开始装料，7s后装料结束小车自动向左运动，碰到左限位开关SQ1时，到达卸料点，小车停止左行，开始卸料，5s后卸料结束小车自动右行进入下一个工作周期，不断循环直到按下停止按钮为止。

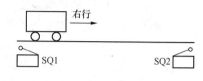

图2-6 运料小车示意图

二、知识准备

1. 行程开关

行程开关也称限位开关，如图2-7所示，它能通过物体的位移来控制电路的通断，多用于限位保护和自动化控制。

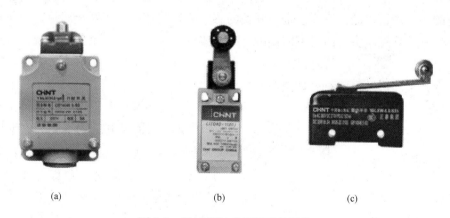

(a)　　　　　　　　　(b)　　　　　　　　　(c)

图2-7 机械接触式行程开关图片

（a）直动式行程开关；（b）滚轮式行程开关；（c）微动开关

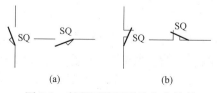

(a)　　　　　　　(b)

图2-8 行程开关图形及文字符号

（a）行程开关动合触点；（b）行程开关动断触点

行程开关的图形及文字符号如图2-8所示：

行程开关在实际生产工作中，通常是被预先安装在特定的位置，这样生产机械的运动部件按照事先预计的行动路线运行，部件上模块撞击行程开关，致使行程开关的触点动作，完成电路的切换控制。

在生产生活中行程开关是应用范围极为广泛的一种开关。例如在日常生活中，冰箱内的照明灯就是通过行程开关控制的，而电梯的自动开关门及开关门速度，也是由行程开关控制的。在工业生产中，可以与其他设备配合使用，形成自动化控制系统，例如在机床的控制方面，它可以控制工件运动和自动进刀的行程，避免碰撞事故。在起重机械的控制方面，行程开关则起到了保护终端限位的作用。

2. 接近开关

接近开关广泛应用于机械、矿山、造纸、烟草、塑料、化工、冶金、轻工、汽车、电力、安保、铁路、航天等各个行业，运用于限位、检测、计数、测速、液面控制、自动保护等。特别是电容式接近开关还可适用于对多种非金属，如纸张、橡胶、烟草、塑料、液体、木材及人体进行检测，应用范围极广（见图2-9）。

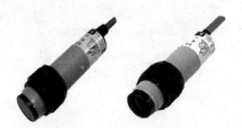

图2-9 接近开关图片

接近开关不是靠挡块碰压开关发出信号，而是在移动部件上装一金属片，在移动部件需要改变工作情况的位置安装接近开关的感应头，其感应面正对金属片。当移动部件的金属片移动到感应头上面（不需接触）时，接近开关就输出一个信号，使控制电路改变工作情况。

接近开关图形及文字符号如图2-10所示。

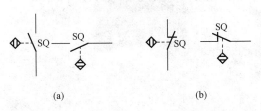

(a)　　　　　　　　　(b)

图2-10 接近开关图形及文字符号

(a) 接近开关动合触点；(b) 接近开关动断触点

3. 电磁阀

电磁阀是用电磁铁推动滑阀移动来控制介质（气体、液体）的方向、流量、速度等参数的工业装置。电磁阀是用电磁效应进行控制的，可以通过继电器控制电路及PLC来控制电磁阀达到预期的控制目的，控制灵活。图2-11（a）为方向控制电磁阀实物，图2-11（b）为电磁阀在液压气动回路中的职能符号，图2-11（c）为电磁阀在电气控制回路中的图形及文字符号。

电磁阀已经广泛应用于生产的各个领域，例如，我们上面提到的运料小车，它的装料和卸料就要由电磁阀来控制。随着电磁控制技术和制造工艺的提高，电磁阀能够实现更加精巧的控制，为实现不同的气动系统、液压系统发挥作用。

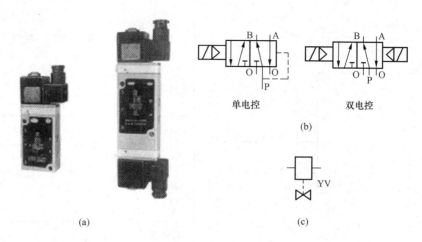

图 2-11　电磁阀图片及符号

（a）电磁阀实物；（b）电磁阀职能符号；（c）图形及文字符号

三、项目实施

1. 运料小车 I/O 分配表

运料小车 I/O 分配表，见表 2-2。

表 2-2　　　　　　　　　　　运料小车 I/O 分配表

输入信息			输出信息		
名称	文字符号	输入地址	名称	文字符号	输出地址
启动按钮	SB1	X0	右行交流接触器	KM1	Y0
停止按钮	SB2	X1	左行交流接触器	KM2	Y1
右限位开关	SQ2	X2	装料电磁阀	YV1	Y2
左限位开关	SQ1	X3	卸料电磁阀	YV2	Y3

2. 运料小车 PLC 接线图

运料小车 PLC 接线图，如图 2-12 所示。

思考：请根据 PLC 的接线图，画出运料小车的控制电路并说明控制柜的实际走线。

3. 编制运料小车的梯形图

运料小车的梯形图程序，如图 2-13 所示。

4. 演示操作

（1）实践认识 PLC 试验台，找到本任务所用的实验面板，按图 2-12 所示电路，连接运料小车的接线电路，注意与实验面板的对应；

（2）接通电源，把 PLC 的运行开关拨到 STOP 状态；

（3）打开计算机中的编程软并编辑图 2-13 所示的控制程序后，下载给 PLC；

（4）把 PLC 的运行开关拨到 RUN 状态运行程序观察结果，反复调试，直至满足要求。

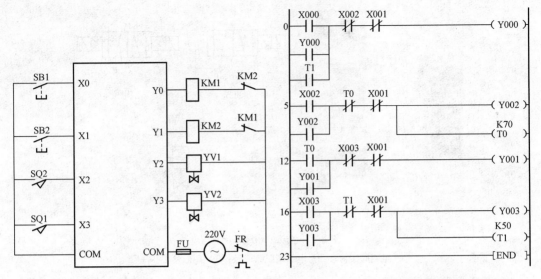

图 2-12　运料小车 PLC 接线图　　　　　图 2-13　两地自动往返运料小车梯形图

巩固练习

1. 某工作台由一台双速电动机驱动，在 A、B 两地之间往复运行。初始位置停在左侧 A 点（限位 SQ1 动作）。按下启动按钮后，工作台高速右行，当距离 B 点 10m 时（该处设有一个接近开关 SQ4）工作台开始低速右行，当碰到右限位开关 SQ2 时工作台停止右行，同时以较快速度向左侧 A 点运行，距离 A 点 10m（该处也设有一个接近开关 SQ3）时工作台开始低速左行，碰到左限位开关时，工作台停止左行，自动右行进入下一个工作周期，不断循环直到按下停止按钮为止。请设计 PLC 的控制系统。

2. 某机床主轴由 M1 拖动，油泵由 M2 拖动，均采用直接启动，工艺要求：

（1）主轴必须在油泵开动后，才能启动；

（2）主轴正常运行为正转，但为调试方便，要求能正向、反向转动；

（3）主轴停止后才允许油泵停止；

（4）有短路、过载及欠电压保护。

试设计 PLC 的控制系统。

≫任务3　三地往复运料小车控制

一、任务描述

启动按钮 SB1 用来开启运料小车，停止按钮 SB2 用来手动停止运料小车，按 SB1 小车从原点启动，KM1 接触器吸合使小车向前运行直到碰 SQ2 开关停止，KM2 接触器吸合使甲料斗装料 5s，然后小车继续向前运行直到碰 SQ3 开关停止，此时 KM3 接触器吸合使乙料斗装料 3s，随后 KM4 接触器吸合小车返回原点直到碰 SQ1 开关停止，

KM5 接触器吸合使小车卸料 5s 后完成一次循环。

工作方式：

（1）小车连续循环与单次循环可按 SA1 进行选择，当 SA1 为"0"时小车连续循环，当 SA1 为"1"时小车单次循环；

（2）连续作 3 次循环后自动停止，中途按停止按钮 SB2 则小车完成一次循环后才能停止。

示意图如图 2-14 所示。

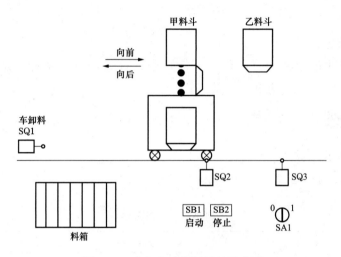

图 2-14　小车自动往复运行示意图

二、知识准备

计数器在程序中用作计数控制，FX_{2N} 系列 PLC 的计数器分为内部计数器和高速计数器两类。

1. 内部计数器

内部计数器是在执行扫描操作时对内部信号（如 X、Y、M、S、T 等）的通断进行计数，达到设定值，触点动作。其中设定值可用常数 K/H 或数据寄存器 D 的内容来设定。设定值用 K 来设定时，取值范围为 1～32 767。内部输入信号的接通和断开时间应比 PLC 的扫描周期稍长。

（1）16 位增计数器。FX_{2N} 系列 PLC 的 16 位增计数器有通用型（C0～C99）和失电保持型（C100～C199）两种。图 2-15 是 16 位通用增计数器程序示例。

（2）32 位增/减计数器。FX_{2N} 系列 PLC 的 32 位增/减计数器有通用型（C200～C219）和失电保持型（C220～C234）两种。

C200～C234 的计数方向分别由特殊辅助继电器 M8200～M8234 设定，对应的特殊辅助继电器接通时为减计数器，反之则为增计数器。

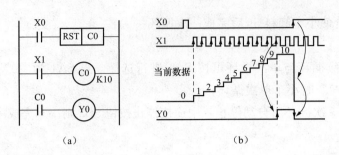

图 2-15　16 位通用增计数器程序示例

(a) 梯形图；(b) 波形图

2. 高速计数器

高速计数器通过中断的方式对外部信号进行计数，与扫描周期无关。FX_{2N} 系列 PLC 有 C235～C255 共 21 点高速计数器。

三、任务实施

1. 运料小车 I/O 分配表

列写运料小车 I/O 分配表，见表 2-3。

表 2-3　　　　　　　　　　　运料小车 I/O 分配表

输入信息			输出信息		
名称	文字符号	输入地址	名称	文字符号	输出地址
启动按钮	SB1	X0	右行交流接触器	KM1	Y1
停止按钮	SB2	X1	甲装料电磁阀	YV1	Y2
左限位开关	SQ1	X2	乙装料电磁阀	YV2	Y3
限位开关	SQ2	X3	左行交流接触器	KM2	Y4
右限位开关	SQ3	X4	卸料电磁阀	YV3	Y5
选择开关	SA1	X5			

2. 运料小车 PLC 外部接线图

画出运料小车 PLC 外部接线图，如图 2-16 所示。

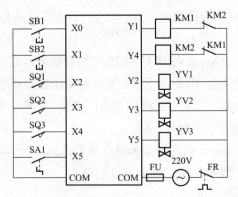

图 2-16　运料小车外部接线图

3. 编制运料小车的梯形图

根据控制要求编写运料小车的梯形图，如图2-17所示。

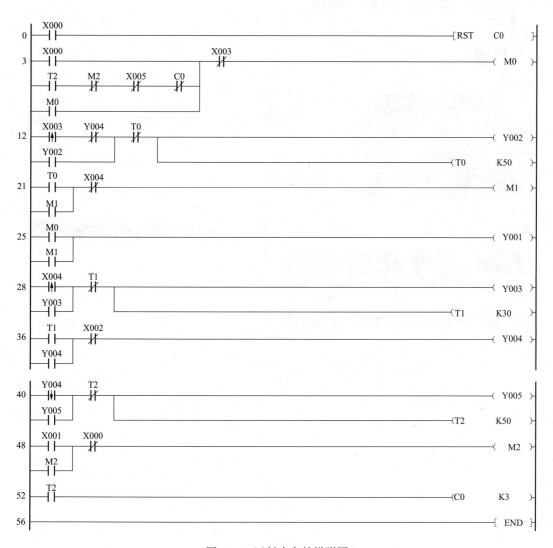

图 2-17　运料小车的梯形图

巩固练习

1. 计数器的分类有哪些？

2. 计数器使用中应注意什么问题？

3. 本任务当中工作方式（2）改为，按下停止按钮当前动作暂停，按下启动按钮继续运行，梯形图如何设计？

4. 请根据PLC的接线图，在图2-18上画出运料小车的控制电路并说清控制柜的实际走线。

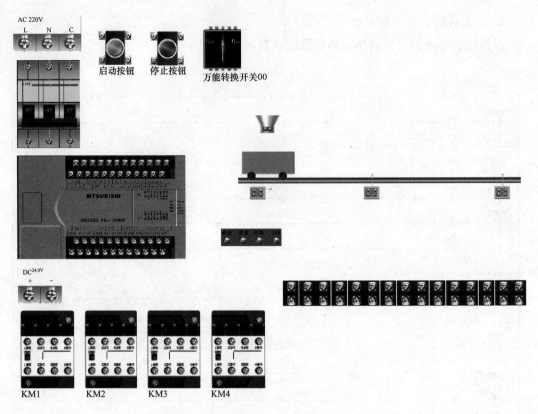

图 2-18　运料小车外部实物接线图

项目**3**

交通灯的 PLC 控制

≫ 任务 1　人行横道红绿灯 PLC 控制

一、任务描述

按下启动按钮 SB1，人行横道红绿灯控制系统开始工作：绿灯先亮 20s 后熄灭同时红灯亮，再过 20s 红灯熄灭同时绿灯再次点亮，交替进行，不断循环；直到按下停止按钮，系统停止工作。

二、知识准备

定时关断电路如图 3-1（a）、（b）所示，当 X0 接通时，Y0 接通，同时定时器 T0 开始延时；3s 后（X0 已断开）延时时间到，T0 动断触点断开，Y0 和 T0 失电。这里 X0 接通的时间不能超过 T0 的延时时间，否则 3s 后 T0 断开，其动断触点闭合复位，Y0 又接通了。可以将图 3-1（a）改成图 3-1（c）就没问题了。

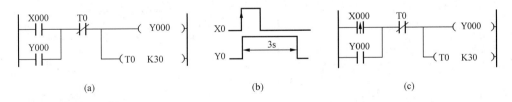

图 3-1　定时关断电路

（a）自动失电梯形图；（b）时序图；（c）定时关断梯形图

三、项目实施

1. 人行横道红绿灯控制系统 I/O 分配

人行横道红绿灯控制电路 I/O 分配，见表 3-1。

表 3-1 人行横道红绿灯 I/O 端口分配表

输入信息			输出信息		
名称	文字符号	输入地址	名称	文字符号	输出地址
启动按钮	SB1	X0	绿灯	L1	Y0
停止按钮	SB2	X1	红灯	L2	Y1

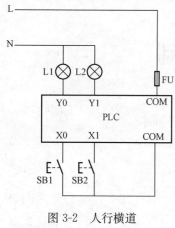

图 3-2 人行横道
红绿灯控制电路

2. 人行横道红绿灯控制电路

人行横道红绿灯控制电路如图 3-2 所示。

3. 人行横道红绿灯控制系统梯形图编辑调试

某同学编写的人行横道红绿灯控制系统梯形图，如图 3-3 所示，梯形图编辑完成转化后传入 PLC，调试运行时发现，当 X0 动合触点接通时间超过 20s 时，绿灯和红灯会同时亮，不满足控制要求。

现象分析：当 X0 接通 20s 时，T0 动合触点闭合，Y1 线圈得电，红灯亮；T0 动合触点断开，T0 失电后，T0 动断触点再次闭合，若 X0 接通超过 20s，Y0 线圈再次得电，绿灯再次点亮。

修改方案：为避免 X0 动合触点闭合时间超过 20s 后，红灯、绿灯同时亮的问题，我们采用 X0 上升沿触点后，编写的梯形图，如图 3-4 所示。经分析，图 3-4 才是满足人行横道红绿灯控制要求最恰当的梯形图。

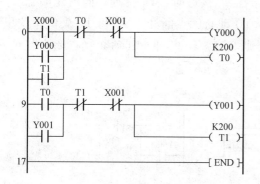

图 3-3 人行横道红绿灯系统梯形图

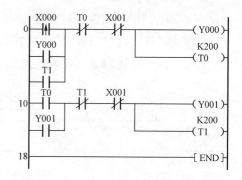

图 3-4 用上升沿触点实现的人行横道
红绿灯梯形图

四、知识拓展

数码管又叫 LED（Light Emitting Diode）数码显示器，它的内部是由 7 个条形发光二极管和一个小圆点发光二极管组成的，分别记作 a、b、c、d、e、f、g、dp，其中 dp 为小数点。当发光二极管导通时，相应的点或线段发光，将这些二极管排成一定图形控制不同组合的二极管导通，就可以显示出不同的字形。数码管根据显示的位数不同，有一位数码管、二位数码管、三位数码管、四位数码管和五位数码管等。

部分数码管的示例及数码管的引脚图，如图 3-5 所示。

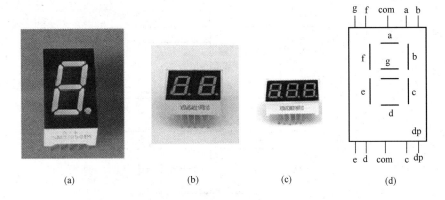

图 3-5　数码管示例及数码管引脚图

（a）一位数码管；（b）二位数码管；（c）三位数码管；（d）数码管引脚图

巩固练习

1. 上升沿触点和一般动合触点有什么区别？

2. 请说明图 3-1（a）和图 3-1（c）的区别？

3. 按下启动按钮，进入抢答器状态，并开始计时。在 30s 内，1、2 分台哪个按抢答按钮快，数码管显示相应的台号并伴随音响效果。其他台再按抢答按钮，显示的数字不发生变化。抢答结束，按复位按钮，抢答器将恢复原始状态。30s 时间到，还无人抢答，抢答器将给出应答时间到信号，并恢复原始状态。在抢答过程中，按停止按钮，抢答器停止工作。

》 任务 2　十字路口简易交通灯的 PLC 控制

一、任务描述

交通信号灯白天正常工作的自动控制系统如图 3-6 所示，信号灯分东西和南北两组，分别有红、黄、绿三种颜色，按下启动按钮开始工作，按下停止按钮停止工作。

二、知识准备

1. 状态转移图（SFC）的组成

图 3-7 为单序列顺序控制功能图，所谓单序列，是指状态转移只可能有一种顺序，没有其他分支，它由步、转换条件、有向线段、驱动等几部分构成。

（1）顺序功能图中的"步"。一个控制过程可以分为若干个阶段，这些阶段称为状态或者步。"步"对应于工业生产工艺流程中的工步，是控制系统中一个相对稳定的状态，通常有初始步和工作步之分。初始步对应于控制系统工作之前的状态，是运行的起点，用双线框表示。初始步可以没有任何输出，但是必不可少。工作步对应于系统正常

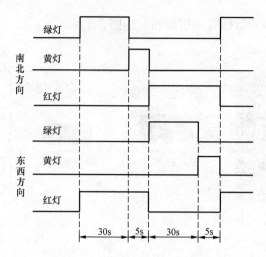

图 3-6 交通灯白天工作时序图

运行时的状态，用单线框表示。

上述的每一个状态或者步用一个状态元件 S 表示。状态元件是构成状态转移图的基本元素，是可编程控制器的软元件之一。FX_{2N} 共有 1000 个状态元件，其分类、编号、数量及用途见表 3-2。

表 3-2   **FX_{2N} PLC 的状态元件**

类 别	元件编号	个 数	用途及特点
初始状态	S0~S9	10	用作 SFC 图的初始状态
返回状态	S10~S19	10	在多运行模式控制当中，用作返回原点的状态
通用状态	S20~S499	480	用作 SFC 图的中间状态，表示工作状态
失电保持状态	S500~S899	400	具有停电保持功能，停电恢复后需继续执行的场合，可用这些状态元件
信号报警状态	S900~S999	100	用作报警元件使用

根据步的运行状态，又可以将"步"分为活动步和静止步。系统工作于某一步时，相应的工作被执行，该步称为活动步。

（2）转换条件。图 3-7 中各步之间的短横线称为转换条件，具体条件要求用短横线旁边的文字或布尔代数表达式或图形符号注明，转换条件为步与步之间转换时需要满足的条件，步与步之间必须由转换条件隔开。

（3）有向线段。顺序功能图中，带箭头的线段称为有向线段，用来表示顺序流程的进展方向，即步的转换方向。顺序功能图各步由上向下执行时，有向线段的箭头通常省略不画，但是当进展方向为由下向上时，箭头不可省略。

（4）动作。图 3-7 中，T0、Y1、Y2、SET 和 RST 分别为各步的驱动，表示各步所能完成的工作。当某一步为活动步时，相应的驱动被执行。驱动可以为保持型和非保持型的，例如，线圈 Y、M 等为非保持型驱动，当某步由活动步变为静止步时，非保持型驱动也由 ON 变为 OFF。SET 和 RST 等为保持型驱动，当某一步为活动步时，指令被执行，即使该步又变为静止步，被置位或复位的元件仍保持此时的状态不变，除非遇到新的复位或置位、线圈驱动指令。

在顺序功能图中（并行序列除外），不同的步可以有相同的输出，即允许使用"双线圈"。但是，同一步内不能有相同的输出线圈。定时器线圈与其余线圈一样，可以在不同的步之间重复使用，但是应避免在相邻的步中使用同一个定时器线圈，以避免状态转移时定时器线圈不能断开，当前值不能复位。

2. 状态转换的实现

步与步之间的状态转换需满足两个条件：一是前级步必须是活动步；二是对应的转换条件要成立。满足上述两个条件就可以实现步与步之间的转换。值得注意的是，一旦后续步转换成功成为活动步，前级步就要复位成为非活动步。这样，状态转移图的分析就变得条理十分清楚，无须考虑状态时间的繁杂连锁关系。另外，这也方便程序的阅读理解，使程序的试运行、调试、故障检查与排除变得非常容易，这就是步进顺控设计法的优点。

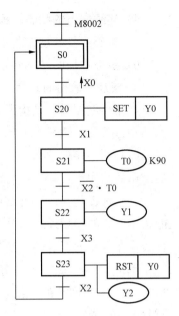

图 3-7　状态转移图

3. 状态转移图的画法

（1）功能分析，将一个工作周期划分为若干个步；

（2）状态编号，将分析出来的步用方形的状态框表示出来，并用 S 或 M 进行编号；

（3）元件分配，确定输入、输出设备并列写地址编号；

（4）动作设置，将每步所需产生的动作以梯形图的方式画在状态框的右边；

（5）转移条件设置，并用有向连线连接各步，构成闭合回路。

4. FX 系列 PLC 的步进顺控指令

FX 系列 PLC 的步进指令有两条：步进触点驱动指令 STL 和步进返回指令 RET。

（1）STL：步进触点驱动指令

1）STL 指令有主控含义，即 STL 指令后面的触点要用 LD 指令或 LDI 指令。

2）STL 指令有自动将前级步复位的功能。

（2）步进返回指令 RET

一系列 STL 指令后，在状态转移程序的结尾必须使用 RET 指令，表示步进顺控功能（主控功能）结束。

（3）步进梯形图和指令语句表编程：

1）先进行驱动动作处理，然后进行状态转移处理，不能颠倒。

2）驱动步进触点用 STL 指令，驱动动作用 OUT 指令。若某一动作在连续的几步中都需要被驱动，则用 SET/RST 指令。

3）单一的转换条件用 LD/LDI 指令，多个条件用 LD/LDI 后面接 AND（ANI）/OR（ORI）指令。

4）连续向下的状态转换用 SET 指令，否则用 OUT 指令。

5）相邻两步的动作若不能同时被驱动，则需要安排相互制约的连锁环节。

6）步进顺控的结尾必须使用 RET 指令。

5. 顺序功能图的结构

顺序功能图按照结构形式的不同，可以分为单一序列结构、选择序列结构、并行序列结构、重复、跳步等形式。

（1）单一序列结构。图 3-7 所示顺序功能图为单一序列结构顺序功能图。这是一种最简单的结构形式，每步后面只有一个转换条件，每个转换条件后面也只有一步。

（2）选择与并行序列结构。图 3-8 为选择序列结构顺序功能图。选择序列的顺序功能图用单线的长划线表示分支的开始和汇合。分支开始线应在各序列转换条件上方，汇合线应在各序列汇合的转换条件之下。

S21～S23，S24～S26 分别为这个选择序列的两个分支序列。S20 为活动步时，若 X0 为 ON，则 S21 被激活，S21 开始的序列被执行。若 X0 为 OFF，则 S24 被激活，S24 开始的序列被执行。需注意的问题是，分支序列中，每次只能选择执行其中的一个序列。各分支可以有不同的步数。分支序列汇合时，S23、S26、S29 中的任意一步为活动步，并满足相应转换条件时，都可以激活 S30。

图 3-9 为并行序列结构。并行序列的顺序功能图用双线的长划线表示分支的开始和汇合。分支开始线应在并行序列的分支开始转换条件之下，汇合线应在各序列汇合的转换条件之上。

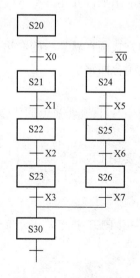

图 3-8　选择序列结构

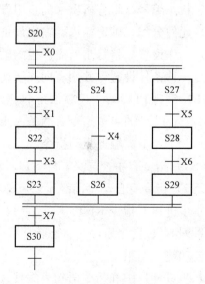

图 3-9　并行序列结构

S21～S23，S24～S26，S27～S29 分别为这个并行序列的三个分支序列。S20 为活动步时，若 X0 为 ON，则同时激活三个分支序列。各分支可以有不同的步数。与选择序列不同，并行序列的所有分支是同时开始，各自执行的，并不要求同步执行。分支汇合时则需要各分支的末步均为活动步，并满足汇合转换条件。如图 3-9 中，只有 S23、

S26、S29 均为活动步，并且转换条件 X7 为 ON 时，S30 才被激活。

（3）重复、跳步序列结构与多个流程间的跳转。图 3-10（a）为重复序列结构，当 S22 为活动步，同时满足转换条件 X4 为 ON 时，S20～S22 之间的各步被重复执行，直至 S22 为活动步，同时满足转换条件 X3 位 ON 时，跳出重复，激活 S23。

图 3-10（b）为跳步序列结构，当 S1 为活动步时，若转换条件 X0 为 ON，则激活 S40；若转换条件 X5 为 ON，则激活 S42。

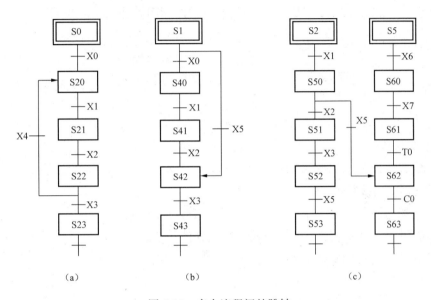

图 3-10 多个流程间的跳转

(a) 重复序列结构；(b) 跳步序列结构；(c) 单一序列结构间的跳转

图 3-10（c）为多个单一序列结构之间的跳转。顺序功能图允许设计多个单一流程。S2、S5 分别为两个单一序列的初始步。当 S50 为活动步时，若满足转换条件 X5 为 ON，则跳转到 S5 开始的序列，并激活 S62。

三、项目实施

1. 十字路口简易交通灯 PLC 控制系统电路 I/O 分配表

十字路口简易交通灯 PLC 控制系统电路 I/O 分配表，见表 3-3。

表 3-3 交通灯 I/O 分配表

输入信息			输出信息		
名称	文字符号	输入地址	名称	文字符号	输出地址
启动按钮	SB1	X0	南北绿灯	L1	Y0
停止按钮	SB2	X1	南北黄灯	L2	Y1
			南北红灯	L3	Y2
			东西绿灯	L4	Y3
			东西黄灯	L5	Y4
			东西红灯	L6	Y5

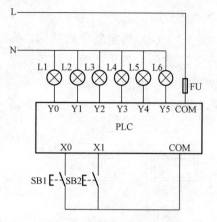

图 3-11 交通灯 PLC 接线图

2. 十字路口简易交通灯控制系统 PLC 接线图

十字路口简易交通灯控制系统 PLC 接线图，如图 3-11 所示。

3. 十字路口简易交通灯控制系统的状态转移图

思路：将交通灯控制系统的一个工作周期划分为 4 个步，并用状态元件（S 或 M）来表示，得到的状态转移图如图 3-12 所示。

注意：（1）S 表示一个步时，下一步变成活动步，上一步"S"自动复位。

（2）用顺序控制设计法设计程序时，用 S 表示一个步，只适用于三菱 FX 系列。如果要适用于所有型号 PLC，要用 M（M 表示步时，没有自动复位的功能）表示一个步。

4. 演示操作

（1）实践认识 PLC 试验箱和外围实验板，找到本次实训所用的实验面板，按图 3-11 所示连接交通灯的接线图；

（2）接通电源，把 PLC 的运行开关拨到 STOP 状态；

（3）打开个人计算机，在 PC 中找到编程软件并编辑图 3-13 所示的控制程序后，下载给 PLC；

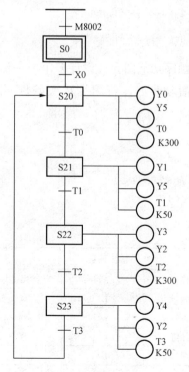

图 3-12 交通灯的状态转移

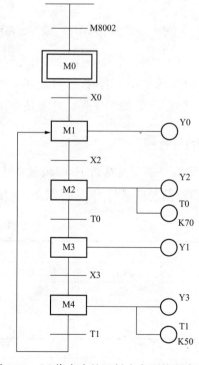

图 3-13 M 代表步的运料小车顺控程序移图

（4）把PLC的运行开关拨到RUN状态，运行程序观察结果，反复调试，直至满足要求。

四、知识拓展

1. 启保停电路方式

思路：使某一步变成活动步的条件（上一步的动合触点与转换条件）来启动这一步；这一步的M自锁并解锁上一步。按上述思路编写的梯形图，如图3-14所示。

2. 置位复位电路方式（以转换为中心的编程方法）

思路：使某一步变成活动步的条件（上一步的动合触点和转换条件）来置位（利用置位指令SET）这一步；同时用复位指令（RST）使上一步复位。

按上述思路编写的梯形图，如图3-15所示。

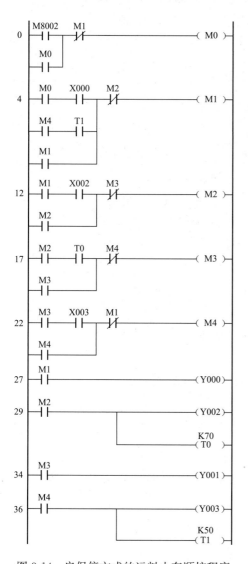

图3-14　启保停方式的运料小车顺控程序

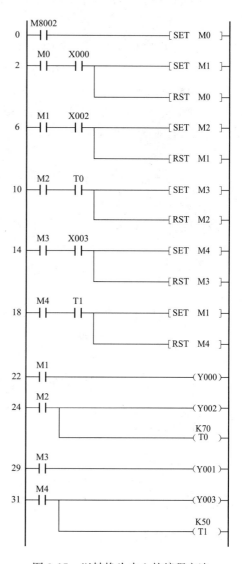

图3-15　以转换为中心的编程方法

巩固练习

1. SFC 步进顺控图中按流程类型分主要有（   ）。

A. 简单流程　　B. 选择性分支　　C. 并行性分支　　D. 混合式分支

2. 下列关于顺序控制功能图说法错误的一组是（   ）

A. 步与步不能相连，必须用转换分开

B. 转换与转换不能相连，必须用步分开

C. 一个流程图至少要有一个初始步

D. 每步后只能有一个转换，每个转换后也只能连接着一个步

3. 状态的顺序可以自由选择，但在一系列的 STL 指令后，必须写入（   ）指令。

A. MC　　　　B. MRC　　　　C. RET　　　　D. END

4. 对于 STL 指令后的状态 S，OUT 指令与（   ）指令具有相同的功能。

A. OFF　　　　B. SET　　　　C. END　　　　D. NOP

5. 不可以使用（   ）对 PLC 进行编程。

A. 语句表　　　B. 梯形图　　　C. 功能图　　　D. 流程图

6. FX 系列 PLC，属于顺控的指令是（   ）。

A. PLS　　　　B. PLF　　　　C. RET　　　　D. RST

7. STL 步进是顺控图中，S10～S19 功能是（   ）。

A. 初始化　　　B. 回原点　　　C. 基本动作　　　D. 通用型

8. STL 步进是顺控图中，S0～S9 功能是（   ）。

A. 初始化　　　B. 回原点　　　C. 基本动作　　　D. 通用型

9. 在顺序功能图中，初始状态 S0 通常用（   ）来置位。

A. M8000　　　B. M8002　　　C. M8012　　　D. M8001

10. 顺控指令一般从（   ）开始使用。

A. S0　　　　B. S10　　　　C. S19　　　　D. S20

11. STL 顺序功能图中，S20～S499 的功能是什么（   ）。

A. 初始化　　　B. 回原点　　　C. 通用状态　　　D. 信号报警

》任务3　十字路口交通灯的 PLC 控制

一、任务描述

十字路口交通灯控制系统白天正常工作的自动控制系统如图 3-16 所示，信号灯分东西和南北两组，分别有红、黄、绿三种颜色，按下启动按钮系统开始工作，按下停止按钮系统停止工作。

二、知识准备

在 PLC 控制中经常需要用到接通和断开时间比例固定的交替信号，可以通过特殊

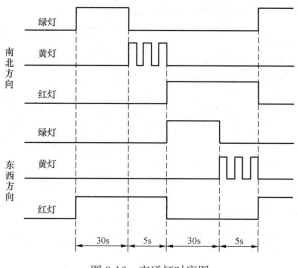

图 3-16 交通灯时序图

辅助继电器 M8013（1s 时钟脉冲）等来实现，但是这种脉冲脉宽不可调整，可以通过下面的电路来实现脉宽可调的闪烁电路。

1. 先断后通的闪烁电路

如图 3-17 所示，图中 Y0 接通和断开的时间之比就是 T1 和 T0 两个定时器的定时设定值之比。

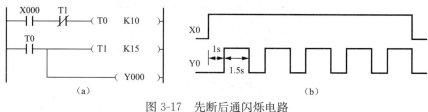

图 3-17　先断后通闪烁电路

（a）梯形图；（b）波形图

2. 先通后断的闪烁电路

如图 3-18 所示电路也是闪烁电路，比较其与图 3-17 闪烁电路的不同。

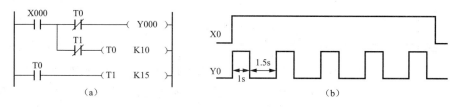

图 3-18　先通后断闪烁电路

（a）梯形图；（b）波形图

三、项目实施

1. 交通灯控制系统 I/O 分配

十字路口交通灯 PLC 控制系统电路 I/O 分配表，见表 3-4。

表 3-4   交通灯 I/O 分配表

输入信息			输出信息		
名称	文字符号	输入地址	名称	文字符号	输出地址
启动按钮	SB1	X0	南北绿灯	L1	Y0
停止按钮	SB2	X1	南北黄灯	L2	Y1
			南北红灯	L3	Y2
			东西绿灯	L4	Y3
			东西黄灯	L5	Y4
			东西红灯	L6	Y5

2. 交通灯控制系统 PLC 接线图

十字路口交通灯控制系统 PLC 接线图，如图 3-19 所示。

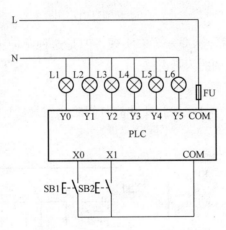

图 3-19　交通灯 PLC 接线图

3. 梯形图的设计

十字路口交通灯控制系统梯形图，如图 3-20 所示。

巩固练习

交通灯流程如下：

南北红灯亮并保持 15s，同时东西绿灯亮，但保持 10s，到 10s 时东西绿灯闪亮 3 次（每周期 1s）后熄灭；继而东西黄灯亮，并保持 2s，到 2s 后，东西黄灯熄灭，东西红灯亮，同时南北红灯熄灭和南北绿灯亮。

东西红灯亮并保持 10s。同时南北绿灯亮，但保持 5s，到 5s 时南北绿灯闪亮 3 次（每周期 1s）后熄灭；继而南北黄灯亮，并保持 2s，到 2s 后，南北黄灯熄灭，南北红灯亮，同时东西红灯熄灭和东西绿灯亮，循环执行。

当强制按钮 SB1 接通时，南北黄灯和东西黄灯同时亮，并不断闪亮（每周期 2s）。当强制按钮 SB1 断开后，按照第一步循环执行。

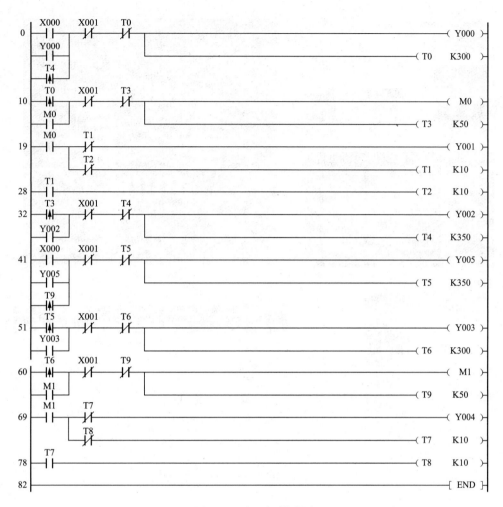

图 3-20 交通灯梯形图

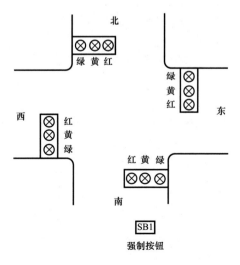

图 3-21 交通灯控制面板图

画出交通灯的外部实物接线图，并说出交通灯外部实物的走线。

AC 220V
L N E

启动按钮

停止按钮

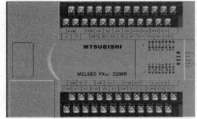
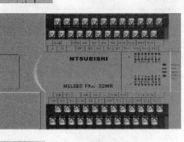

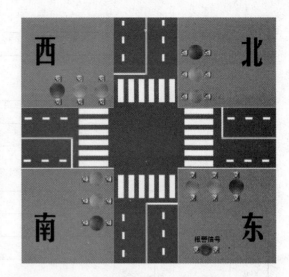

AC 220V
L N

项目 **4**

三菱PLC控制技术应用

液体灌装自动生产线的 PLC 控制

自动化生产线是产品生产过程所经过的路线，即从原料进入生产现场开始，经过加工、运送、装配、检验等一系列生产生产线活动所构成的路线。图 4-1 是一个简化后的液体灌装自动生产线的模型。

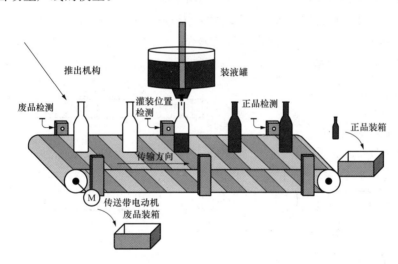

图 4-1　简易液体灌装自动生产线模型

该自动生产线由瓶子传送带和装液罐组成，传送带由一个笼型电动机驱动，可以正转和反转，传送带沿线装有传感器进行废品检测、灌装位置检测和正品检测。装液罐装有液位传感器检测罐内液体高度，另有进液阀和出液阀。生产线主要实现以下功能：

（1）手动/自动模式切换。自动化生产线模型设计了手动和自动两种工作模式。手动模式用于传送带电动机的正反转点动调试；自动模式下传送带电动机正转，传送瓶子依次通过空瓶检测、灌装和满瓶检测 3 个工位。

（2）故障报警及急停功能。当设备发生故障时，相应的故障指示灯会闪亮。按下急停按钮，可以停止设备的一切运行。故障排除后，按下故障复位按钮，生产线才能自动运行。

（3）工件计数及显示。控制系统可以实现工件的计数统计，包括毛坯数、正品数和废品数。正品数显示在控制面板的数码管上。

》任务1 计数及数值显示控制

一、任务描述

在传送带末端装有一个正品检测感应开关，用于对灌装好的瓶子也就是正品进行计数统计；通过推出机构的至位感应开关可以对废品数进行计数统计。正品数和废品数分别显示在两个数显表（显示 0 至 99）上，当正品数或废品数到达 30 时，分别有一个指示灯点亮 2s 后熄灭，提示工人换箱，计数统计值自动复位清零。

二、知识准备

1. 数据寄存器和位元件组合

（1）数据寄存器 D。数据寄存器是用来存储数值的编程软元件，一个数据寄存器可以存放 16 位二进制数，即一个字的数据。如果想要存储两个字的数据则需要两个编号相邻的数据寄存器进行存储。如图 4-2 所示，用 D0 和 D1 存储双字，前者存放低 16 位，后者存放高 16 位。字或双字的最高位为符号位，0 表示正数，1 表示负数。

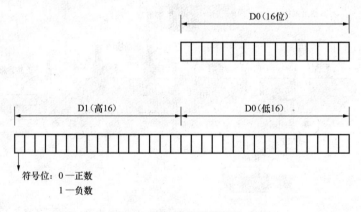

图 4-2 数据寄存器数据格式

FX$_{2N}$ 系列 PLC 的数据寄存器主要分为通用数据寄存器、失电保持数据寄存器、特殊数据寄存器和文件数据寄存器。

1）通用数据寄存器。FX$_{2N}$ 系列 PLC 共 200（D0～D199）点。当 M8033 为 ON 时，D0～D199 有失电保护功能；当 M8033 为 OFF 时，则无失电保护功能，当 PLC 由 RUN 变成 STOP 或停电时，数据全部清零。

2）失电保持数据寄存器。FX$_{2N}$ 系列 PLC 共 7800（D200～D79999）点，当 PLC 由 RUN 变成 STOP 时，其值保持不变。

3）特殊数据寄存器。FX$_{2N}$ 系列 PLC 共 256（D8000～D8255）点。特殊数据寄存器的作用是用来监控 PLC 的运行状态，如扫描时间、电池电压等，具体可参见用户手册。

4）文件寄存器。文件寄存器实际是一类专用数据寄存器，用于存储大量的数据。

（2）位元件组合。只有 ON/OFF 两种状态的元件称为位元件，例如 X、Y、M、S；

处理数据的元件称为字元件，例如 T、C 的当前值寄存器和数据寄存器 D。此外，可以用几个连续的位元件组合在一起来保存数据，这种形式称为位元件组合。

将连续的 4n（n＝1、2、3、4）个位元件作为一组，以地址编号最小的作为首元件，在连续位元件的首元件前加 Kn，可以构成位元件的组合。例如 K2Y0 表示由 Y0 开始的两组位元件，即 K2Y0 表示 Y0～Y7 组成的 8 位数据，其中 Y0 为最低位，Y7 为最高位。

2. 传送指令 MOV

MOV 指令的名称、编号、操作数、梯形图形式见表 4-1。

表 4-1   MOV 指令说明

指令名称	功能	操作数		梯形图形式
		(S.)	(D.)	
FNC12 MOV	字传送	K、H、KnX、KnY、KnM、KnS、T、C、D、V、Z	KnY、KnM、KnS、T、C、D、V、Z	X001 —||—[MOV (S.) (D.)]—

MOV 指令执行时，将源操作数（S.）中的内容传送到目的操作数（D.）中。传送 32 位数据则在指令前加 D，否则就是传送 16 位数据。MOV 指令的用法如图 4-3 所示。

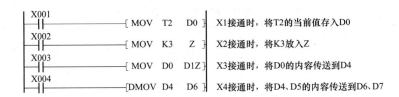

图 4-3   MOV 指令使用方法

3. 加 1 和减 1 指令 INC/DEC

如图 4-4 所示，INC 指令执行时，将 D0 中的数加 1，结果仍保存在 D0 中。DEC 指令执行时，将 D1 中的数减 1，结果仍保存在 D1 中。指令后加 P 表示指令执行方式是脉冲方式，即条件由断到通时执行 1 次指令，否则就是每个扫描周期连续执行方式。

4. 比较指令 CMP

CMP 指令的名称、编号、操作数、梯形图形式见表 4-2。

图 4-4   INC/DEC 指令格式

表 4-2   CMP 指令说明

指令名称	功能	操作数			梯形图形式
		(S1.)	(S2.)	(D.)	
FNC10 CMP	两数比较	K、H、KnX、KnY、KnM、KnS、T、C、D、V、Z		Y、M、S 3 个连续元件	X001 —||—[CMP (S1.) (S2.) (D.)]—

CMP 指令是将源操作数（S2.）中的内容与（S1.）中的内容作比较，比较的结果放到目的操作数（D.）中。（D.）只写出 Y、M、S 的首元件号，表示由首元件开始的连续 3 个软元件。CMP 指令的用法如图 4-5 所示。

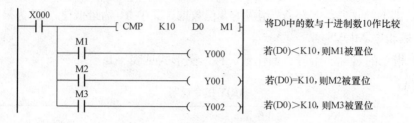

图 4-5　CMP 指令的用法

需要注意的是，X0 接通时执行比较指令，执行完比较指令后，即使 X0 再断开，M1~M3 的状态也不会发生变化，清除比较结果须使用复位指令。

5. 二进制转 BCD 码变换指令 BCD

BCD 指令的名称、编号、操作数、梯形图形式见表 4-3。

表 4-3　　　　　　　　　　　　　　BCD、BIN 指令说明

指令名称	功能	操作数		梯形图形式
		（S.）	（D.）	
FNC18 BCD	把二进制码变为 BCD 码	K、H、KnX、KnY、KnM、KnS、T、C、D、V、Z	KnY、KnM、KnS、T、C、D、V、Z	X000 ├┤├────[BCD　(S.)　(D.)]┤

BCD 指令执行时，将（S.）中的二进制数变为 BCD 码，并将结果放到（D.）中。BIN 指令执行时将（S.）中的 BCD 码变为 BIN 码，并将结果放到（D.）中。BCD 指令的用法如图 4-6 所示，当 X4 接通时，将 D0 内的二进制数据变成 BCD 码保存在 D1 中。

6. 数码显示表

数码显示表是用来显示数字值的一种电子设备，比较常见的数码显示表为 BCD 码数显表，内部装有芯片，可用 4 位 BCD 码显示 1 位十进制数字，如图 4-7 所示。

图 4-6　BCD、BIN 指令的用法　　　　　　图 4-7　数码显示表

三、任务实施

1. I/O 分配

表 4-4 为计数及数值显示控制的 I/O 分配表。

表 4-4   **计数及数值显示控制 I/O 分配表**

输入信息			输出信息	
名称	文字符号	输入地址	名称	输出地址
推出机构的至位感应开关	SQ1	X0	正品数值显示表	Y0~Y7
正品检测感应开关	SQ2	X1	废品数值显示表	Y10~Y17
			正品换箱指示灯 HL1	Y20
			废品换箱指示灯 HL2	Y21

2. PLC 外部接线

图 4-8 为 PLC 外部接线图。

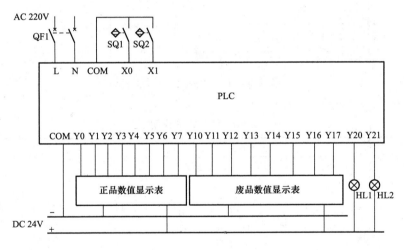

图 4-8 外部接线图

3. 编程调试

工件计数及显示程序，如图 4-9 所示。

四、知识拓展

1. 算术运算指令

（1）加法和减法指令 ADD/SUB。AND、SUB 指令的名称、编号、操作数、梯形图形式见表 4-5。

AND 指令执行时将（S1.）与（S2.）中的内容相加，将和值放到目的操作数（D.）中。SUB 指令执行时，把（S1.）中的数据减去（S2.）中的数据，将差值放到目的操作数

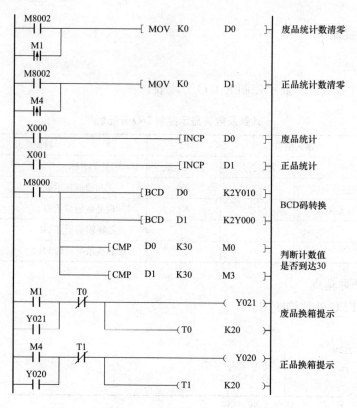

图 4-9　工件计数及显示程序

指令名称	功能	操作数			梯形图形式
		(S1.)	(S2.)	(D.)	
FNC20 AND	二进制加法	K、H、KnX、KnY、KnM、KnS、T、C、D、V、Z		KnY、KnM、KnS、T、C、D、V、Z	X000 ⊣⊢ [ADD (S1.) (S2.) (D.)]
FNC21 SUB	二进制减法				X001 ⊣⊢ [SUB (S1.) (S2.) (D.)]

表 4-5　AND、SUB 指令说明

（D.）中。ADD、AUB 指令使用方法如图 4-10 所示。

使用这两条指令时要注意，使用连续执行型指令时，每个周期都执行相加或相减，当一个源操作数与目的操作数指定相同软元件时，运算结果每个扫描周期都会发生变化，应特别注意。后面将要介绍的 MUL、DIV 等指令也许注意这种情况。

（2）乘法和除法指令 MUL/DIV。MUL、DIV 指令的名称、编号、操作数、梯形图形式见表 4-6。

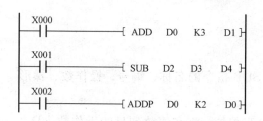

图 4-10　ADD、SUB 指令的使用方法

表4-6   MUL、DIV 指令说明

指令名称	功能	操作数			梯形图形式
		(S1.)	(S2.)	(D.)	
FNC22 MUL	二进制乘法	K、H、KnX、KnY、KnM、KnS、T、C、D、V、Z	KnY、KnM、KnS、T、C、D、V、Z		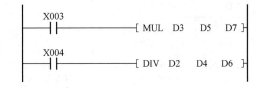
FNC23 DIV	二进制除法				

MUL 指令执行时将（S1.）与（S2.）中的内容相乘，结果放到目的操作数（D.）中。DIV 指令执行时，把（S1.）中的数据除以（S2.）中的数据，结果放到目的操作数（D.）中。MUL、DIV 指令使用方法如图 4-11 所示，当 X3 为 ON 时，D3 和 D5 内的数据相乘，将乘积保存在（D8，D7）两个连续的寄存器中；当 X4 为 ON 时，D2 内的数据除以 D4 内的数据，商保存在 D6 中，余数保存在 D7 中。

```
 X003
──┤├──────────────[ MUL  D3   D5   D7 ]

 X004
──┤├──────────────[ DIV  D2   D4   D6 ]
```

图 4-11   MUL、DIV 指令的用法

2. 区间比较指令

ZCP 指令的名称、编号、操作数、梯形图形式见表 4-7。

表4-7   ZCP 指令说明

指令名称	功能	操作数				梯形图形式
		(S1.)	(S2.)	(S.)	(D.)	
FNC11 ZCP	一数与两数比较	K、H、KnX、KnY、KnM、KnS、T、C、D、V、Z			Y、M、S	```X002──┤├──[ZCP (S1.) (S2.) (S.) (D.)]```

ZCP 指令执行时，将目标操作元件（S.）中的内容与（S1.）、（S2.）中的数据构成的区间作比较，比较的结果放到目的操作数（D.）指定首元件开始的连续 3 个软元件中。ZCP 指令的用法如图 4-12 所示。

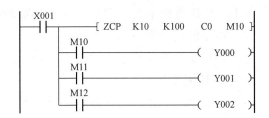

图 4-12   ZCP 指令的用法

与 CMP 指令相同，X1 接通时执行 ZCP 指令。执行完 ZCP 指令后，即使 X1 再断开，结果也保持不变。清除比较结果须使用 RST 或 ZRST 指令。

3. 触点比较指令

触点比较指令作用相当于一个触点，当满足一定条件时，触点接通。触点比较指令的名称、编号、操作数、梯形图形式见表 4-8。

表 4-8 触 点 比 较 指 令 说 明

指令名称	功 能	操作数		指令名称	功 能	操作数	
		(S1.)	(S2.)			(S1.)	(S2.)
FNC224 LD=	连接母线的触点比较相等指令			FNC236 AND<>	串联触点比较不等指令		
FNC225 LD>	连接母线的触点比较大于指令			FNC237 AND≤	串联触点比较不大于指令		
FNC226 LD<	连接母线的触点比较小于指令			FNC238 AND≥	串联触点比较不小于指令		
FNC228 LD<>	连接母线的触点比较不等指令	K、 H、 KnX、KnY、KnM、KnS、T、C、D、V、Z		FNC240 OR=	并联触点比较相等指令	K、 H、 KnX、KnY、KnM、KnS、T、C、D、V、Z	
FNC229 LD≤	连接母线的触点比较不大于指令			FNC241 OR>	并联触点比较大于指令		
FNC230 LD≥	连接母线的触点比较不小于指令			FNC242 OR<	并联触点比较小于指令		
FNC232 AND=	串联触点比较相等指令			FNC244 OR<>	并联触点比较不等指令		
FNC233 AND>	串联触点比较大于指令			FNC245 OR≤	并联触点比较不大于指令		
FNC234 AND<	串联触点比较小于指令			FNC246 OR≥	并联触点比较不小于指令		

连接母线的触点比较指令，作用相当于一个与母线相连的触点，当满足相应的导通条件时，触点导通。串联/并联触点比较指令，作用相当于串联/并联一个触点，当被串联/并联的触点满足相应的导通体条件时，触点导通。例如使用各类触点比较大于指令时，则当（S1.）>（S2.）时，触点导通，否则不导通。使用各类触点比较小于指令时，则当（S1.）>（S2.）时，触点导通，否则不导通。使用 32 位指令时，在指令的文字符号后面加 D，比较符号不变。例如，32 位串联触点不大于指令助记符为 ANDD≤。

触点比较指令的用法如图 4-13 所示。

4. 区间复位指令

ZRST 指令的名称、编号、操作数、梯形图形式见表 4-9。

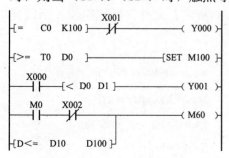

图 4-13 触点比较指令用法

表 4-9 ZRST 指 令 说 明

指令名称	功能	操作数		梯形图形式
		(D1.)	(D2.)	
FNC40 ZRST	区间复位			X000 —[ ]— [ZRST (D1.) (D2.)]

ZRST指令执行时，将（D1.）至（D2.）间的所有同类元件复位。（D1.）与（D2.）必须为同类元件，而且（D1.）的地址编号应小于（D2.）的地址编号。ZRST指令的用法如图4-14所示。

图4-14　ZRST指令的用法

巩固练习

1. 利用传送指令实现电动机正反转控制。

2. 现有三台电动机，要求按下启动按钮后，电动机1先启动，运行10s后停止；电动机2在电动机1启动5s后启动，运行10s后停止；电动机3在电动机2启动5s后启动，运行10s后停止；电动机3停止后电动机1重新启动，往复循环。请使用传送或比较指令来实现本控制。

3. 功能指令的脉冲执行方式和连续执行方式有何区别？

4. 定时器T和计数器C属于字元件还是位元件？

5. 区间复位指令和复位指令有何不同？

》任务2 装液罐控制

一、任务描述

装液罐用于存储往空瓶中灌装的液体物料。装液罐内底部装有液位传感器检测罐内液体高度，当罐内液体高度低于10cm时，进料阀门打开往罐内进料；当罐内液体高度高于200cm高度时，进料阀门关闭停止往罐内进液。装液罐下方的传送带有相应的传感器，当检测到空瓶被传送至装液罐正下方时，装液罐出料阀门打开往瓶中灌装液体，延时5s出料阀门自动关闭。

二、知识准备

1. 模拟量输入/输出模块

在工业控制中，某些输入量（例如压力、温度、流量、转速等）是连续变化的模拟量，某些执行机构（如伺服电动机、调节阀、记录仪等）要求PLC输出模拟信号，而PLC的CPU只能处理数字量。模拟量首先被传感器和变送器转换为标准的电流或电压，例如DC 4～20mA、1～5V、0～10V，PLC用A/D转换器将它们转换成数字量。D/A转换器将PLC的数字输出量转换为模拟电压或电流，再去控制执行机构。

图4-15在炉温控制系统中，炉温用热电偶检测，温度变送器将热电偶提供的几十毫伏的电压信号转换为标准电流（如4～20mA）或标准电压（如0～5V）信号后送给模拟量输入模块，经A/D转换后得到与温度成比例的数字量，CPU将它与温度设定值

比较，并按某种控制规律（如 PID）对二者的差值进行运算，将运算结果（数字量）送给模拟量输出模块，经 D/A 转换后变为电流信号或电压信号，用来调节控制天然气的电动调节阀的开度，实现对温度的闭环控制。

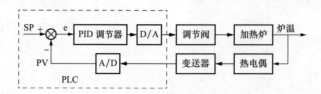

图 4-15　炉温闭环控制系统框图

2．FX₁ₙ-2AD-BD

三菱 PLC 常见的模拟输入输出模块有 FX₂ₙ-4AD、FX₂ₙ-2DA、与 PT100 型温度传感器匹配的 FX₂ₙ-4AD-PT 和与热电偶型温度传感器匹配的 FX₂ₙ-4AD-TC 等。

FX₁ₙ-2AD-BD 是一块模拟量输入功能扩展板，体积小巧，价格低廉。配有两个模拟量输入通道，输入信号为为 DC 0～10V 或 DC 4～20mA，转换速度为 1 个扫描周期，没有光电隔离，不占用 I/O 点，适用于 FX₁s 和 FX₁ₙ。

表 4-10 说明了 FX₁ₙ-2AD-BD 两个模拟量通道输入信号切换的特殊辅助继电器以及保存 A/D 转换后数据的特殊数据寄存器地址。

表 4-10　　　　　　　　　　**FX₁ₙ-2AD-BD 寄存器说明**

元　件	说　明
M8112	模拟量输入通道 1 输入信号类型切换 ON：电流输入模式（4～20mA） OFF：电压输入模式（0～10V）
M8113	模拟量输入通道 2 输入信号类型切换 ON：电流输入模式（4～20mA） OFF：电压输入模式（0～10V）
D8112	模拟量输入通道 1 转换后的数值
D8113	模拟量输入通道 2 转换后的数值

表 4-11 说明了 FX₁ₙ-2AD-BD 的端子功能。

表 4-11　　　　　　　　　　**FX₁ₙ-2AD-BD 端子功能表**

端子名称	功能说明
V1+	通道 1 的电压输入端子
I1+	通道 1 的电流输入端子
V2+	通道 2 的电压输入端子
I2+	通道 2 的电流输入端子
VI－	各个通道的公共端子

如图 4-16 所示为 FX_{1N}-2AD-BD 的外部接线方法。如果电压输入信号有较大干扰，可以再 ＊1 处接一个 $0.1 \sim 0.47 \mu F$ 的电容；如果输入信号为电流信号，需要将 V＋和 I＋端子短接，如 ＊2 处所示。

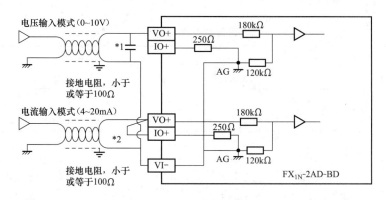

图 4-16　FX_{1N}-2AD-BD 外部接线方法

如图 4-17 所示为 FX_{1N}-2AD-BD 的输入特性图。如果输入信号为 $0 \sim 10V$ 的电压信号，则将被转换成 $0 \sim 4000$ 的整数，分辨率是 2.5mV；如果输入信号为 $4 \sim 20mA$ 的电流信号，则将被转换成 $0 \sim 2000$ 的整数，分辨率是 $8 \mu A$。例如 5.5V 的电压信号转换后的数值是 $5.5 \times 1000/2.5$ 即 2200；10mA 的电流信号转

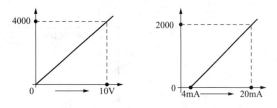

图 4-17　FX_{1N}-2AD-BD 输入特性图

换后的数值是 $(10mA - 4mA) \times 1000/8$ 即 750。

3. 液位传感器

液位传感器是用来检测液位高度的设备，分为开关量和模拟量两种，前者只能在液位达到一定高度时触点动作，因此又称为液位开关；后者则能检测液面的实际高度，常见的有投入式、超声波式等。本例中使用的液位传感器为两线式投入式传感器，如图 4-18 所示，可以将 $0 \sim 10m$ 的液面高度信号线性转换为 $4 \sim 20mA$ 的电流信号。

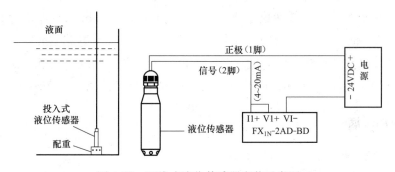

图 4-18　两线式液位传感器安装示意图

三、任务实施

1. I/O分配

表4-12为装液罐控制的I/O分配表。

表 4-12　　　　　　　　　　　　装液罐控制 I/O 分配表

输入信息			输出信息		
名　　称	文字符号	输入地址	名　　称	文字符号	输出地址
灌装位置检测感应开关	SQ3	X2	进料阀门	YV1	Y22
			出料阀门	YV2	Y23

2. PLC外部接线

图4-19为PLC外部接线图，其中FX_{1N}-2AD-BD扩展板直接安装在FX_{1N}系列PLC的扩展槽上，本身不占用PLC的输入点。

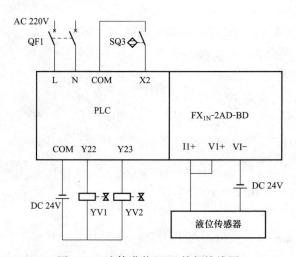

图 4-19　液体灌装 PLC 外部接线图

3. 编程调试

本例中使用的液位传感器将$0\sim10m$的液面高度信号线性转换为$4\sim20mA$的电流信号，则10cm的高度信号转换成电流信号是4.16mA，200cm的高度信号转换成电流信号是7.2mA，根据FX_{1N}-2AD-BD的输入特性图，4.16mA电流信号转换后的数字值是20，7.2mA电流信号转换后的数字值是400。在程序中可以使用触点比较指令来判断实际液位高度与液位上下阈值的大小关系。如图4-20所示为参考程序。

四、知识拓展

1. FX_{2N}-4AD 四模拟量输入模块

（1）FX_{2N}-4AD的功能及与PLC系统的连接。FX_{2N}-4AD 四通道模拟量输入模块有

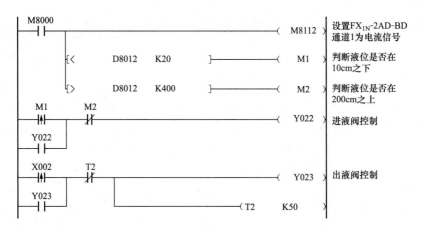

图 4-20　液体灌装参考程序

4 个通道，可同时接收处理 4 路模拟量输入信号，最大分辨率为 12 位。输入信号可以是 $-10\sim+10V$ 的电压信号（分辨率为 5mV），也可是 $-20\sim20mA$（分辨率为 $16\mu A$）或 $-20\sim+20mA$（分辨率为 $20\mu A$）的电流信号。模拟量信号可通过双绞屏蔽电缆接入，连接方法如图 4-21 所示。

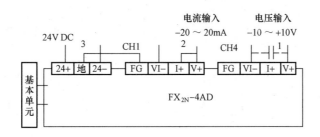

图 4-21　FX_{2N}-4AD 模拟量输入模块的连接方法

使用注意：

1）若输入电压波动，或存在外部干扰，可以接一个 $0.1\sim0.47\mu F$、25V 的电容器；

2）若使用电流输入，需短接 V+ 及 I+ 端子；

3）若存在过多的电气干扰，需连接 FG 和接地端。

FX_{2N} 系列可编程控制器中，与 PLC 连接的特殊功能扩展模块位置从左至右依次编号（扩展单元不占编号），如图 4-22 所示。

（2）FX_{2N}-4AD 缓冲寄存器（BFM）的分配。FX_{2N}-4AD 模拟量模块内部有一个数据缓冲寄存器区，它由 32 个 16 位的寄存器组成，编号为 BFM＃0-＃31，其内容与作用见表 4-13。数据缓冲寄存器区内容，可以通过 PLC 的 FROM 和 TO 指令来读、写。

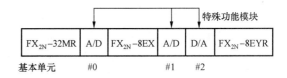

图 4-22　特殊功能模块的编号

表 4-13   FX$_{2N}$-4AD 缓冲寄存器的分配

BFM 编号	内 容		备 注
#0（*）	通道初始化，用 4 位十六位数字 H×××× 表示，4 位数字从右至左分别控制 1、2、3、4 四个通道		每位数字取值范围为 1～3，其含义如下： 0 表示输入范围为 −10～+10V 1 表示输入范围为 +4～+20mA 2 表示输入范围为 −20～+20mA 3 表示该通道关闭，缺省值为 H0000
#1（*）	通道 1	采样次数设置	采样次数是用于得到平均值，其设置范围为 1～4096，缺省值为 8
#2（*）	通道 2		
#3（*）	通道 3		
#4（*）	通道 4		
#5	通道 1	平均值存放单元	根据 #1～#4 缓冲寄存器的采样次数，分别得出每个通道的平均值
#6	通道 2		
#7	通道 3		
#8	通道 4		
#9	通道 1	当前值存放单元	每个输入通道读入的当前值
#10	通道 2		
#11	通道 3		
#12	通道 4		
#13～#14	保留		
#15（*）	A/D 转换速度设置		设为 0 时：正常速度，15ms/通道（缺省值） 设为 1 时：高速度，6ms/通道
#16～#19	保留		
#20（*）	复位到缺省值和预设值		缺省值为 0；设为 1 时，所有设置将复位缺省值
#21（*）	禁止调整偏值和增益值		b1，b0 设为 1，0 时，禁止 b1，b0 设为 1，0 时，允许（缺省值）
#22（*）	偏置，增益调整通道设置		b7 与 b6，b5 与 b4，b3 与 b2，b1 与 b0 分别表示调整通道 4，3，2，1 的增益与偏置值
#23（*）	偏置值设置		缺省值为 0000，单位为 mV 或 μA
#24（*）	增益值设置		缺省值为 5000，单位为 mV 或 μA
#25～#28	保留		
#29	错误信息		表示本模块的出错类型
#30	识别码（K2010）		固定为 K2010，可用 FROM 读出识别码来确认此模块
#31	禁用		

　　FX$_{2N}$-4AD 模块在 0 号位置，其通道 CH1 和 CH2 作为电压输入，CH3，CH4 关闭，平均值采样次数为 4，数据存储器 D1 和 D2 用于接收 CH1，CH2 输入的平均值。程序如图 4-23 所示，虽然前两行程序对于模拟量读入来说不是必须的，但它确实是有用的检查，因此推荐使用。

图 4-23　FX$_{2N}$-4AD 模块编程梯形图

2. 模拟量的输出模块 FX$_{2N}$-2DA

(1) FX$_{2N}$-2DA 概述。模拟量的输出模块 FX$_{2N}$-2DA 如图 4-24 所示。

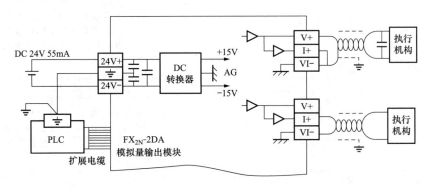

图 4-24　模拟量的输出模块

FX$_{2N}$-2DA 模拟量输出模块也是 FX 系列专用的模拟量输出模块。该模块将 12 位的数字值转换成相应的模拟量输出。FX$_{2N}$-2DA 有 2 路输出通道，通过输出端子变换，也可以任意选择电压或电流输出状态。电压输入时，输入信号范围为 DC $-10 \sim +10V$，可接负载阻抗为 $1K\Omega \sim 1M\Omega$，分辨率为 5mV，综合精度 0.1V；电流输出时，输出信号范围为 DC $+4 \sim +20mA$，可接负载阻抗不大于 250Ω，分辨率为 $20\mu A$，综合精度 0.2mA。

FX$_{2N}$-2DA 模拟量模块的工作电源为 DC 24V，模拟量与数字量之间采用光隔离技术。FX$_{2N}$-2DA 模拟量模块的 2 个输出通道，要占用基本单元的 8 个映像表，即在软件上占 8 个 I/O 点数，在计算 PLC 的 I/O 时可以将这 8 个点作为 PLC 的输出点来计算。

(2) FX$_{2N}$-2DA 的接线。图中模拟量输出信号采用双绞屏蔽电缆与外部执行机构连结，电缆应远离电源线或其他可能产生电气干扰的导线。当电压输出有波动或存在大量噪声干扰时，可以接一个 $0.1 \sim 4.7\mu F$，25V 的电容。对于是电压输出，应将端子 I+和

VI—连接。FX$_{2N}$-2DA 接地端与 PLC 主单元接地端相连。

（3）FX$_{2N}$-2DA 的缓冲寄存器（BFM）分配。FX$_{2N}$-2DA 模拟量模块内部有一个数据缓冲寄存器区，它由 32 个 16 位的寄存器组成，编号为 BFM♯0～♯31，其内容与作用见表 4-14。数据缓冲寄存器区内容，可以通过 PLC 的 FROM 和 TO 指令来读写。

表 4-14 　　　　　　　　　　　　FX$_{2N}$-2DA 的缓冲寄存器分配

BFM 编号	内　容	备　注
♯0	通道初始化，用 2 位十六进制数字 H××表示，2 位数字从右至左分别控制 CH1，CH2 两个通道	每位数字取值范围为 0、1 其含义如下：0 表示输出范围为 -10～+10V；1 表示输入范围为 +4～+20mA
♯1	通道 1　　存放输出数据	
♯2	通道 2	
♯3～♯4	保留	
♯5	输出保持与复位缺省值为 H00	H00 表示 CH2 保持、CH1 保持；H01 表示 CH2 保持、CH1 复位；H10 表示 CH2 复位、CH1 保持；H11 表示 CH2 复位、CH1 复位
♯6～♯15	保留	
♯16	输出数据的当前值	8 位数据存于 b7～b0
♯17	转换通道设置	将 b0 由 1 变 0，CH2 的 D/A 转换开始；将 b1 由 1 变 0，CH1 的 D/A 转换开始；将 b2 由 1 变 0，D/A 转换的低 8 位数据保持
♯18～♯19	保留	
♯20	复位到缺省值和预设置	缺省值为 0；设为 1 时，所有设置将复位缺省值
♯21	禁止调整偏置和增益值	b1、b0 位设为 1，0 时，禁止；b1、b0 位设为 0，1 时，允许（缺省值）
♯22	偏置，增益调整通道设置	b3 与 b2、b1 与 b0 分别表示调整 CH2、CH1 的增益与偏置值
♯23	偏置值设置	缺省值为 0000，单位为 mV 或 μmA
♯24	增益值设置	缺省值为 5000，单位为 mV 或 μmA
♯25～♯28	保留	
♯29	错误信息	表示本模块的出错类型
♯30	识别码（K3010）	固定为 K3010，可用 FROM 读出识别码来确认此模块
♯31	禁用	

例：FX$_{2N}$-2DA 模块在 1 号位置，其通道 CH1，CH2 作为电压输出，将数据存储器 D1 和 D2 的内容通过 CH1，CH2 输出。程序如图 4-25 所示，X000 接通时，通道 1（CH1）执行数字到模拟量的转换；X001 接通时，通道 2（CH2）执行数字到模拟量的转换。

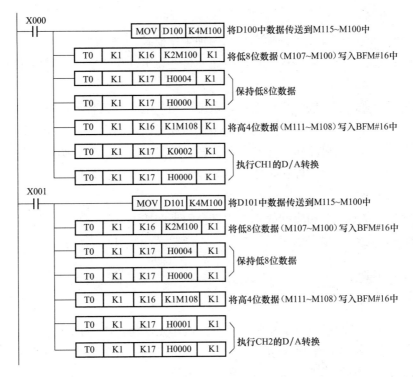

图 4-25 模拟量输出编程梯形图

巩固练习

1. 模拟量输入/输出接口和数字量输入输出接口有什么区别？

2. 液位开关和液位传感器有什么区别？

3. 模拟量输入设备如何连接 PLC？

》任务 3 传送带控制

一、任务描述

本项目中传送带用于将瓶子传送至不同的工位完成相应的工序。

1. 废品拣出

在传送带左端装有上下 2 个废品检测感应开关 SQ4 和 SQ5，用于检测是否有倒下的瓶子，若有则通过推出机构将此瓶作为废品推出，推出机构有相应的至位感应开关 SQ1 和复位感应开关 SQ6。

2. 液体灌装

在装液罐正下方装有 1 个灌装位置检测感应开关，当空瓶子到达灌装位置时，传送带电机停转，装液罐出液阀打开。

3. 手动/自动模式切换

自动化生产线模型设计了手动和自动两种工作模式。

（1）在手动模式下，可以通过点动按钮使传送带电动机正转或反转或推出机构推出收回。

（2）在自动模式下，按下启动按钮，系统启动，电动机正转，传送带运行；若检测到有废品，则传送带停止后推出机构将废品推出并退回，然后传送带继续运行；空瓶子到达灌装位置时，电动机停转，灌装阀门打开；灌装时间到，灌装阀门关闭，电动机正转，传送带继续运行。按下停止按钮，系统停止，电动机不转，传送带停止运行。

4. 故障报警及急停功能

当设备发生故障时，相应的故障指示灯会闪亮。按下急停按钮，可以停止设备的一切运行。故障排除后，按下故障复位按钮，生产线又开始自动运行。

二、知识准备

1. 子程序调用指令

CALL 指令用于调用一段子程序，其目标操作元件为：P0～P127。

SRET 指令用来指示子程序结束，并返回主程序中子程序调用指令的位置，继续执行后面的程序，无操作元件。

FEND 指令用来指示主程序结束。FEND 指令之后的部分可以用来写各段子程序，每段子程序需从相应指针 Pn 处开始，用 SRET 标志结束。

如图 4-26 所示，PLC 从上向下逐行扫描程序，当扫描到 CALL P1 时，若 X1 接通，则转到指针 P1 处，先扫描第一段子程序，至 SRET 返回 CALLP1 处继续向下扫描，遇到 CALLP2，则转到指针 P2 处，扫描第二段子程序。遇到 SRET 则返回 CALLP2 处，继续向下扫描。遇到 FEND 指令，主程序扫描结束，返回主程序第一行，开始下一轮扫描。

子程序可以嵌套，嵌套次数最多可有 5 层。

每段子程序所用的指针 P 是专用指针，不能再供其他子程序或跳转程序使用。

2. 三线式接近开关或光电开关接法

接近开关或光电开关有 PNP 和 NPN 之分，漏型输入 PLC 一般选用 NPN 型，源型输入 PLC 一般选用 PNP 型。三线的定义一般通用：棕色［24V（DC）］、黑色（信号输出 OUT）、蓝色［0V（DC）］。如果是 PNP 型，将棕色 24V（DC）电源线与 PLC 24V（DC）接到一起，黑色信号线接 PLC 的 DI 端口；如果是 NPN 型，将蓝色 0V（DC）电源公共线与 PLC 0V（DC）电源公共线接

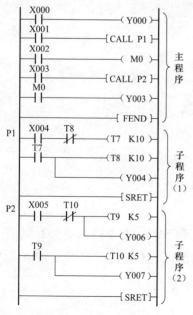

图 4-26　CALL、SRET、FEND
指令的用法

到一起，黑色信号线接 PLC 的 DI 端口。如图 4-27 所示。

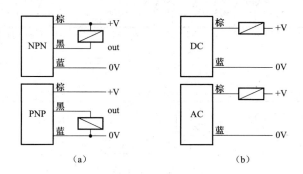

图 4-27 接近开关或光电开关接法

(a) 三线式；(b) 两线式

三、任务实施

1. I/O 分配

表 4-15 为本任务的 I/O 分配表。

表 4-15 I/O 分配表

输入信息			输出信息		
名称	文字符号	输入地址	名称	文字符号	输出地址
推出机构的至位感应开关	SQ1	X0	出料阀门	YV2	Y23
传送带末端检测开关	SQ2	X1	推出机构推出	YV3	Y24
灌装位置感应开关	SQ3	X2	推出机构退回	YV4	Y25
废品检测开关1（下方）	SQ4	X3	故障报警灯	HL3	Y26
废品检测开关2（上方）	SQ5	X4	传送带正转	KM1	Y30
推出机构的复位感应开关	SQ6	X5	传送带反转	KM2	Y31
手动/自动转换开关	SA1	X6			
传送带正转手动按钮	SB1	X7			
传送带反转手动按钮	SB2	X10			
推出机构推出按钮	SB3	X11			
推出机构退回按钮	SB4	X12			
自动启动按钮	SB5	X13			
自动停止按钮	SB6	X14			
急停按钮	SB7	X15			
故障复位按钮	SB8	X16			

2. PLC 外部接线

如图 4-28 所示为 PLC 外部接线图。

3. 编程调试

图 4-29 所示为参考程序，采用了子程序调用指令，整个程序结构分为主程序、手

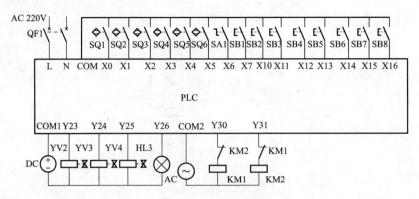

图 4-28　PLC 外部接线图

动子程序和自动子程序 3 个部分。虽然 Y30 等元件的线圈出现了两次，但是由于两个子程序不可能同时被扫描执行，因此不会出现"双线圈"现象。

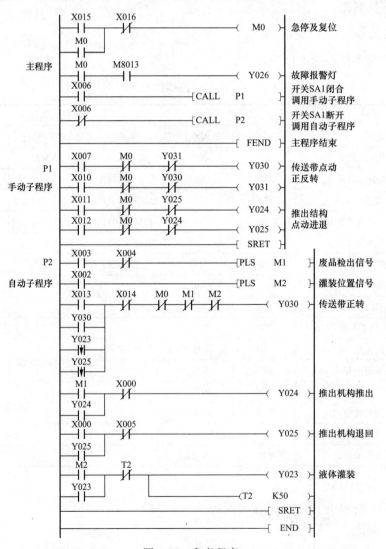

图 4-29　参考程序

四、知识拓展

1. 条件跳转指令 CJ

CJ 指令为条件跳转指令，其目标操作元件为指针 P0~P127。当条件跳转指令 CJ 有效时，某段程序被跳过，不被执行。使用 CJ 指令可以缩短扫描周期，并允许使用双线圈输出。

如图 4-30 所示，X0 为 ON 时，执行跳转 CJP3，直接跳转到指针 P3 所指位置开始扫描，第 2 行至第 7 行的程序不被扫描。P3 处 CJP4 指令不被执行。X0 为 OFF 时，CJP3 不被执行，按原来顺序逐行扫描。扫描到 CJP4 时，直接跳转到 P4 所指位置开始扫描。

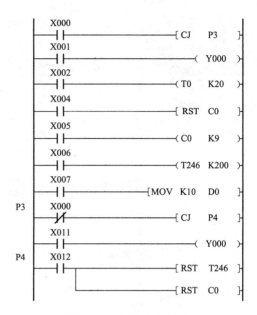

图 4-30 CJ 指令的用法

2. 中断指令

EI 为开中断指令，DI 为关中断指令，两条指令均无目标操作元件。EI、DI 指令配合使用，用来界定允许中断的程序段的范围。IRET 为中断返回指令，无目标操作元件。IRET 指令用来表示中断子程序结束。

PLC 通常处于关中断状态。当程序执行到 EI 到 DI 之间的部分时，若出现中断信号，则停止执行主程序，去执行相应中断子程序。遇到 IRET 指令时返回断点处，继续执行主程序。

3. 循环指令

FOR 是循环开始指令，用来表示循环程序段开始。循环次数用操作数表示，其操作数可以选用：K、H、T、C、D、V、Z、KnX、KnY、KnM。NEXT 是循环结束指令，用来表示循环程序段的结束，无操作元件。

FOR 与 NEXT 指令总是成对出现。使用这两条指令时，FOR~NEXT 之间的程序在一个扫描周期内被重复执行 n 次，n 的值由 FOR 的操作数决定。FOR 与 NEXT 指令可以嵌套使用，嵌套次数最多不能超过 5 次。

循环程序段中不能有 END、FEND 指令，使用 CJ 指令可以跳出循环体。

巩固练习

1. 使用跳转指令或子程序调用指令为什么能够避免出现双线圈？

2. 三线式接近开关如何与 PLC 接线？

3. 实现手动、自动两种模式的切换有几种方法？

4. 将本项目 3 个任务全部实现，画出 PLC 外部接线图并编写程序。

PLC控制系统的改造和升级

》任务1 用PLC改造C650-2型卧式车床继电器电路

一、任务描述

卧式车床是机械加工中广泛使用的一种机床，可以用来加工各种回转表面、螺纹和端面，在机械加工中应用较为广泛。图 5-1 为 C650-2 型卧式车床，其控制电路原先采用传统的继电器—接触器控制系统，现为提高其可靠性以及满足工艺改进，需要将控制系统改为 PLC 控制系统并能实现机床原有的功能。

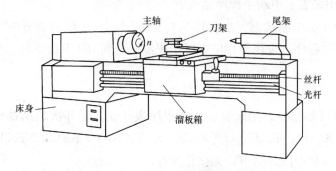

图 5-1　C650-2 型卧式车床结构简图

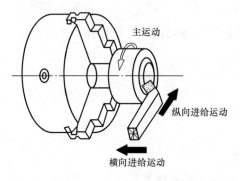

图 5-2　车床的加工示意图

车床的主运动为主轴通过卡盘带动工件的旋转运动；进给运动是溜板带动刀架的纵向和横向直线运动，其中纵向运动是指相对操作者向左或向右的运动，横向运动是指相对于操作者向前或向后的运动；辅助运动包括刀架的快速移动、工件的夹紧与松开等。图 5-2 是车床的加工示意图。

因为对电气调速并未提出要求，所以主电路基本不需要变动，主要是在满足控制要求的前提下将继电器控制电路改造为 PLC 控制系统。因此，需要在分析清楚原继电器控制电路的基础上列出 PLC 的 I/O 分配表，然后分别进行 PLC 控制系统的硬件电路设计和软件程序设计，最后进行安装调试。

二、知识准备

（一）电力拖动及控制要求

（1）正常加工时一般不需反转，但加工螺纹时需反转退刀，且工件旋转速度与刀具的进给速度要保持严格的比例关系，为此主轴的转动和溜板箱的移动由同一台电动机拖动。主电动机 M1（功率为 20kW），电动机采用直接启动的方式，可正反两个方向旋转，为加工调整方便，还具有点动功能。由于加工的工件比较大，加工时其转动惯量也比较大，需停车时不易立即停止转动，必须有停车制动的功能，C650-2 车床的正反向停车采用速度继电器控制的电源反接制动。

（2）电动机 M2 拖动冷却泵。车削加工时，刀具与工件的温度较高，需设一冷却泵电动机，实现刀具与工件的冷却。冷却泵电动机 M2 单向旋转，采用直接启动、停止方式，且与主电动机有必要的连锁保护。

（3）快速移动电动机 M3。为减轻工人的劳动强度和节省辅助工作时间，利用 M3 带动刀架和溜板箱快速移动。电动机可根据使用需要，随时手动控制起停。

（4）采用电流表检测电动机负载情况。

（5）车削加工时，因被加工的工件材料、性质、形状、大小及工艺要求不同，且刀具种类也不同，所以要求切削速度也不同，这就要求主轴有较大的调速范围。车床大多采用机械方法调速，变换主轴箱外的手柄位置，可以改变主轴的转速。

（二）Z3040 摇臂钻床电气原理图分析

C650-2 型普通车床的电气控制系统电路如图 5-3 所示。

1. 主电路分析

主电路中有三台电动机，隔离开关 QS 将三相电源引入，电动机 M1 电路接线分为三部分，第一部分由正转控制交流接触器 KM1 和反转控制交流接触器 KM2 的两组主触点构成电动机的正反转接线；第二部分为一电流表 A 经电流互感器 TA 接在主电动机 M1 的动力回路上，以监视电动机绕组工作时的电流变化，为防止电流表被启动电流冲击损坏，利用一时间继电器的延时动断触点，在起动的短时间内将电流表暂时短接；第三部分为一串联电阻限流控制部分，交流接触器 KM3 的主触点控制限流电阻 R 的接入和切除，在进行点动调整时，为防止连续的启动电流造成电动机过载，串入限流电阻 R，保证电路设备正常工作。速度继电器 KV 的速度检测部分与电动机的主轴同轴相连，在停车制动过程中，当主电动机转速接近零时，其动合触点可将控制电路中反接制动相应电路切断，完成停车制动。

电动机 M2 由交流接触器 KM4 的主触点控制其电源的接通与断开；电动机 M3 由交流接触器 KM5 控制。

为保证主电路的正常运行，主电路采用熔断器实现短路保护、采用热继电器对电动

三菱PLC控制技术应用

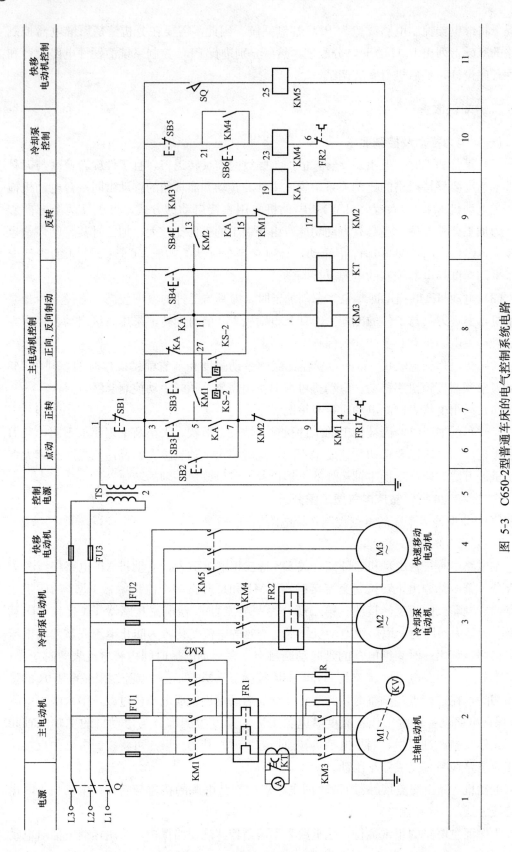

图 5-3　C650-2型普通车床的电气控制系统电路

88

机进行过载保护。

2. 控制电路分析

（1）主电动机 M1 的点动调整控制。调整车床时，要求主电动机点动控制。线路中
KM1 为 M1 电动机的正转接触器；KM2 为反转接触器；KA 为中间继电器。工作过程
如下：

按下 SB2，KM1 线圈得电，主触点闭合，电动机经限流电阻接通电源，在低速下
启动，松开 SB2，KM1 失电，电动机断开电源停车。

（2）主电动机 M1 的正、反转控制。

1）正转。按下启动按钮 SB3，KM3 和 KT 线圈得电，KM3 主触点动作使电阻被
短接，KM3 动合辅助触点闭合使 KA 得电，KA 动合辅助触点闭合（5－7）使接触器
KM1 得电，电动机在全压下启动。KM1 辅助动合触点（5－11）闭合、KA 的动合触点
闭合（3－11、5－7）使 KM1 自锁。

2）反转。启动按钮为 SB4，控制过程与正转类似。KM1 和 KM2 的动断辅助触点
分别串在对方的接触器线圈的回路中，起正反转的互锁作用。

（3）主电动机 M1 的反接制动控制。C650 车床采用速度继电器实现主电动机停车的
反接制动。下面以正转为例分析反接制动的过程。

设主电动机原为正转运行，停车时按下停止按钮 SB1，接触器 KM3 失电，KM3 主
触点断开，限流电阻 R 串入主回路，KA 失电（3－11、5－7）断开，KM1 失电，电动
机断开正相序电源，KA 动断触点（3－27）闭合，由于此时电动机转速较高，KV-2 为
闭合状态，故 KM2 得电，实现对电动机的电源反接制动，当电动机转速接近零时，
KV-2 动合触点断开，KM2 失电，电动机断开电源，制动结束。

电动机反转时的制动与正转相似。

（4）刀架的快速移动与冷却泵控制。转动刀架快速移动手柄，压动限位开关 SQ，
接触器 KM5 得电，KM5 主触点闭合，M3 接通电源启动。

M2 为冷却泵电动机，它的启动和停止通过按钮 SB5 和 SB6 来控制。

（5）其他辅助环节。监视主回路负载的电流表通过电流互感器接入。为防止电动机
启动、点动和制动电流对电流表的冲击，电流表与时间继电器的延时动断触点并联。如
启动时，KT 线圈得电，KT 的延时动断触点未动作，电流表被短接。启动后，KT 延
时断开的动断触点打开，此时电流表接入互感器的二次回路对主回路的电流进行监视。
控制电路的电源通过控制变压器 TS 供电，使之更安全。此外，为便于工作，设置了工
作照明灯。照明灯的电压为安全电压 36V。

三、任务实施

1. 列出 I/O 分配表

本项目输入/输出分配表见表 5-1。

2. PLC 外部接线

本项目 PIC 外部接线如图 5-4 所示。

表 5-1 输入/输出分配表

输入设备	原理号	输入地址	输出设备	原理号	输出地址
主轴电动机停止按钮	SB1	X1	电流表旁路中继	K1	Y0
主轴电动机正向点动按钮	SB2	X2	主轴电动机正转接触器	KM1	Y1
主轴电动机正向长动按钮	SB3	X3	主轴电动机反转接触器	KM2	Y2
主轴电动机反向长动按钮	SB4	X4	限流电阻接触器	KM3	Y3
冷却泵电动机停止按钮	SB5	X5	冷却泵电动机接触器	KM4	Y4
冷却泵电动机启动按钮	SB6	X6	快移电动机接触器	KM5	Y5
快移电动机限位	SQ1	X10			
主轴电动机热继	FR1	X11			
冷却泵电动机热继	FR2	X12			
速度继电器触点 1	KS-1	X13			
速度继电器触点 2	KS-2	X14			

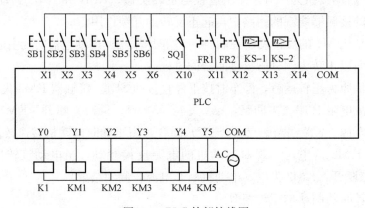

图 5-4　PLC 外部接线图

3. 编程调试

整个控制可以分成主轴电动机、冷却泵电动机和快速移动电动机三部分，后两部分的程序编制是非常简单的，如图 5-5 所示。难点主要集中在主轴电动机的控制部分，尤其是限流电阻和速度原则的反接制动控制部分。

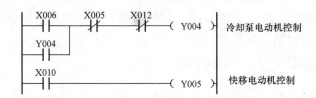

图 5-5　冷却泵电动机和快速移动电动机控制程序

主轴电动机的控制主要包括四个部分：正向点动、正反转长动、限流电阻的短接和正反向速度原则的反接制动。其中正向点动和正反转长动很容易实现，其程序如图 5-6 和图 5-7 所示。

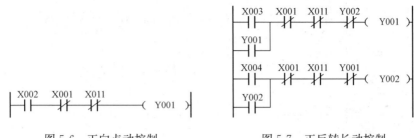

图 5-6 正向点动控制　　　　　　　图 5-7 正反转长动控制

很明显，点动和长动两段程序存在双线圈的问题，可以用辅助继电器 M1 表示点动时 Y1 接通，用辅助继电器 M11 和 M12 分别表示长动时 Y1 和 Y2 接通，程序可以改为图 5-8、图 5-9 所示。

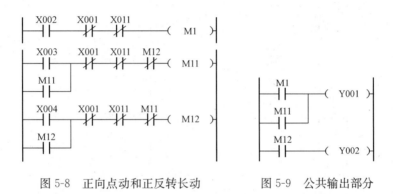

图 5-8 正向点动和正反转长动　　　图 5-9 公共输出部分

为避免再次出现双线圈问题，可以用 M21 和 M22 分别表示反接制动状态下正转和反转接触器接通，程序如图 5-10 所示。

限流电路由接触器 KM3 短接，正向点动和正反向反接制动时都要接入限流电阻，分别限制频繁点动的启动电流和反接制动电流，只有在正反向点动时才将其切除，因此 Y3 只有在正反转长动时接通，正向点动和正反向反接制动都不通，其控制程序如图 5-11 所示，其中辅助继电器 M0 得电时表示处于反接制动状态。

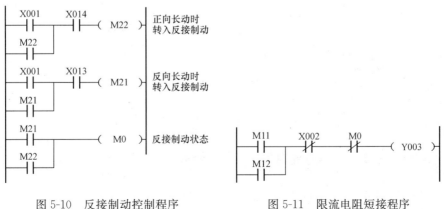

图 5-10 反接制动控制程序　　　　图 5-11 限流电阻短接程序

最后汇总的程序如图 5-12 和图 5-13 所示。

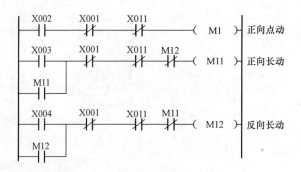

图 5-12　汇总程序段-1

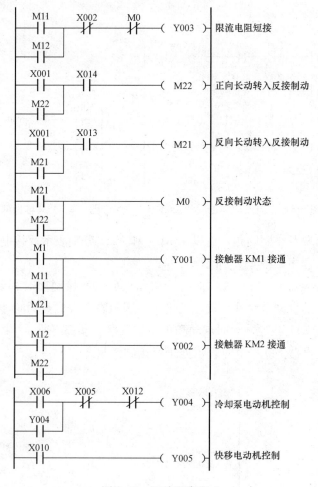

图 5-13　汇总程序段-2

四、Z3040 摇臂钻床继电器电路的 PLC 改造

（一）Z3040 摇臂钻床概述

钻床是一种用途广泛的孔加工机床。它主要是用钻头钻削精度要求不太高的孔，另外还可用来扩孔、铰孔、镗孔，以及刮平面、攻螺纹等。图 5-14 是 Z3050 摇臂钻床的

外形图。Z3050 摇臂钻床主要由底座、内立柱、外立柱、摇臂、主轴箱、工作台等组成。内立柱固定在底座上，在它外面套着空心的外立柱，外立柱可绕着内立柱回转一周，摇臂一端的套筒部分与外立柱滑动配合，借助于丝杆，摇臂可沿着外立柱上下移动，但两者不能做相对转动，所以摇臂将与外立柱一起相对内立柱回转。主轴箱是一个复合的部件，它具有主轴及主轴旋转部件和主轴进给的全部变速和操纵机构。主轴箱可沿着摇臂上的水平导轨径向移动。当进行加工时，可利用特殊的夹紧机构将外立柱紧固在内立柱上，摇臂紧固在外立柱上，主轴箱紧固在摇臂导轨上，然后进行钻削加工。

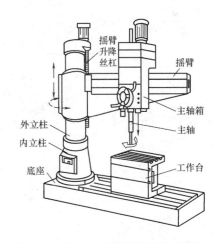

图 5-14 Z3050 摇臂钻床结构示意图

钻削加工时，主运动为主轴的旋转运动；进给运动为主轴的垂直移动；辅助运动为摇臂在外立柱上的升降运动、摇臂与外立柱一起沿内立柱的转动及主轴箱在摇臂上的水平移动。

（二）摇臂钻床的电力拖动及控制要求

（1）由于摇臂钻床的运动部件较多，为简化传动装置，需使用多台电动机拖动，主轴电动机承担主钻削及进给任务，摇臂升降、夹紧放松和冷却泵各用一台电动机拖动。

（2）为了适应多种加工方式的要求，主轴及进给应在较大范围内调速。但这些调速都是机械调速，用手柄操作变速箱调速，对电动机无任何调速要求。主轴变速机构与进给变速机构在一个变速箱内，由主轴电动机拖动。

（3）加工螺纹时要求主轴能正反转。摇臂钻床的正反转一般用机械方法实现，电动机只需单方向旋转。

（4）摇臂升降由单独的一台电动机拖动，要求能实现正反转。

（5）摇臂的夹紧与放松以及立柱的夹紧与放松由一台异步电动机配合液压装置来完成，要求这台电动机能正反转。摇臂的回转和主轴箱的径向移动在中小型摇臂钻床上都采用手动。

（6）钻削加工时，为对刀具及工件进行冷却，需要一台冷却泵电动机拖动冷却泵输送冷却液。

（7）各部分电路之间有必要的保护和连锁。

（三）电气控制线路分析

图 5-15 是 Z3050 型摇臂钻床的电气控制线路的主电路和控制电路图。

1. 主电路分析

Z3050 型摇臂钻床共有四台电动机，除冷却泵电动机采用开关直接启动外，其余三台异步电动机均采用接触器直接启动。

三菱PLC控制技术应用

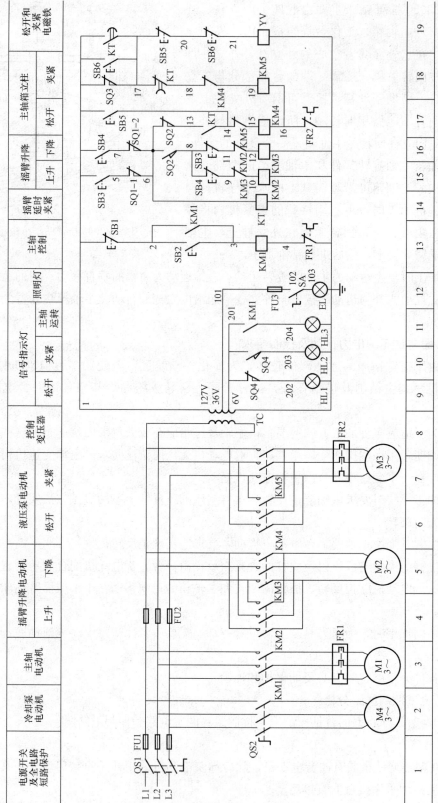

图 5-15 Z3040 摇臂钻床电气控制原理图

94

M1 是主轴电动机，由交流接触器 KM1 控制，只要求单方向旋转，主轴的正反转由机械手柄操作。M1 装在主轴箱顶部，带动主轴及进给传动系统，热继电器 FR1 是过载保护元件。

M2 是摇臂升降电动机，装于主轴顶部，用接触器 KM2 和 KM3 控制正反转。因为该电动机短时间工作，故不设过载保护电器。

M3 是液压油泵电动机，可以做正向转动和反向转动。正向旋转和反向旋转的启动与停止由接触器 KM4 和 KM5 控制。热继电器 FR2 是液压油泵电动机的过载保护电器。该电动机的主要作用是供给夹紧装置压力油、实现摇臂和立柱的夹紧与松开。

M4 是冷却泵电动机，功率很小，由开关直接启动和停止。

2. 控制电路分析

（1）主轴电动机 M1 的控制。按启动按钮 SB2，则接触器 KM1 吸合并自锁，使主电动机 M1 启动运行，同时指示灯 HL3 亮。按停止按钮 SB1，则接触器 KM1 释放，使主电动机 M1 停止旋转，同时指示灯 HL3 熄灭。

（2）摇臂升降控制。Z3050 型摇臂钻床摇臂的升降由 M2 拖动，SB3 和 SB4 分别为摇臂升、降的点动按钮（装在主轴箱的面板上），由 SB3、SB4 和 KM2、KM3 组成具有双重互锁的 M2 正反转点动控制电路。因为摇臂平时是夹紧在外立柱上的，所以在摇臂升降之前，先要把摇臂松开，再由 M2 驱动升降；摇臂升降到位后，再重新将它夹紧。而摇臂的松、紧是由液压系统完成的。在电磁阀 YV 线圈通电吸合的条件下，液压泵电动机 M3 正转，正向供出压力油进入摇臂的松开油腔，推动松开机构使摇臂松开，摇臂松开后，行程开关 SQ2 动作、SQ3 复位；若 M3 反转，则反向供出压力油进入摇臂的夹紧油腔，推动夹紧机构使摇臂夹紧，摇臂夹紧后，行程开关 SQ3 动作、SQ2 复位。由此可见，摇臂升降的电气控制是与松紧机构液压系统（M3 与 YV）的控制配合进行的。

下面以摇臂的上升为例，分析控制的全过程：按住摇臂上升按钮 SB3，SB3 动断触点断开，切断 KM3 线圈支路；SB3 动合触点闭合（1—5），时间继电器 KT 线圈得电，KT 动合触点闭合（13—14），KM4 线圈得电，M3 正转；延时动合触点（1—17）闭合，电磁阀线圈 YV 得电，摇臂松开，行程开关 SQ2 动作，SQ2 动断触点（6—13）断开，KM4 线圈失电，M3 停转；SQ2 动合触点（6—8）闭合，KM2 线圈得电，M2 正转，摇臂上升，摇臂上升到位后松开 SB3，KM2 线圈失电，M2 停转；KT 线圈失电，延时 1～3s，KT 动合触点（1—17）断开，YV 线圈通过 SQ3（1—17），仍然得电；KT 动断触点（17—18）闭合，KM5 线圈得电，M3 反转，摇臂夹紧，摇臂夹紧后，压下行程开关 SQ3，SQ3 动断触点（1—17）断开，YV 线圈失电；KM5 线圈失电，M3 停转。

摇臂的下降由 SB4 控制 KM3，M2 反转来实现，其过程可自行分析。时间继电器 KT 的作用是在摇臂升降到位、M2 停转后，延时 1～3s 再启动 M3 将摇臂夹紧，其延时时间视从 M2 停转到摇臂静止的时间长短而定。KT 为断电延时类型，在进行电路分析时应注意。

如上所述，摇臂松开由行程开关 SQ2 发出信号，而摇臂夹紧后由行程开关 SQ3 发出信号。

如果夹紧机构的液压系统出现故障，摇臂夹不紧；或者因 SQ3 的位置安装不当，在摇臂已夹紧后 SQ3 仍不能动作，则 SQ3 的动断触点（1—17）长时间不能断开，使液压泵电动机 M3 出现长期过载，因此 M3 须由热继电器 FR2 进行过载保护。

摇臂升降的限位保护由行程开关 SQ1 实现，SQ1 有两对动断触点：SQ1-1（5—6）实现上限位保护，SQ1-2（7—6）实现下限位保护。

主轴箱和立柱松、紧的控制：主轴箱和立柱的松、紧是同时进行的，SB5 和 SB6 分别为松开与夹紧控制按钮，由它们点动控制 KM4、KM5→控制 M3 的正、反转，由于 SB5、SB6 的动断触点（17—20—21）串联在 YV 线圈支路中。所以在操作 SB5、SB6 使 M3 点动作的过程中，电磁阀 YV 线圈不吸合，液压泵供出的压力油进入主轴箱和立柱的松开、夹紧油腔，推动松、紧机构实现主轴箱和立柱的松开、夹紧。同时由行程开关 SQ4 控制指示灯发出信号：主轴箱和立柱夹紧时，SQ4 的动断触点（201—202）断开而动合触点（201—203）闭合，指示灯 HL1 灭 HL2 亮；反之，在松开时 SQ4 复位，HL1 亮而 HL2 灭。

（3）辅助电路。包括照明和信号指示电路。照明电路的工作电压为安全电压 36V，信号指示灯的工作电压为 6V，均由控制变压器 TC 提供。

≫ 任务 2 提升机 PLC 控制系统升级改造

一、任务描述

提升机是比较常见的生产机械，在本项目中由一台笼型电动机带动，采用 PLC 控制，能够实现基本的货物升降功能以及上下终点行程保护，为防止货物溜钩还配有电力液压推杆制动器，其电气图如图 5-16 所示，另外还有过载保护，其程序如图 5-17 所示。

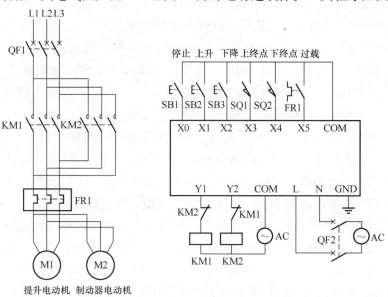

图 5-16 提升机原电路图

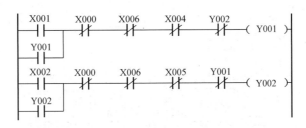

图 5-17 改造前过载保护梯形图程序

现进行工艺改进，需要实现以下控制要求：

（1）采用主令控制器控制提升机动作，当主令控制器在零挡时，按下主接触器通按钮，起升接触器接通；按下主接触器断按钮，起升接触器断开，制动器立即抱闸制动。

（2）主令控制器零挡外上升下降各三个挡位，分别为低、中、高速三挡，配合变频器实现高（50Hz）、中（30Hz）、低（10Hz）三段式变频调速。

（3）当主接触器 KM1 接通且手柄不在零挡时制动器电机得电松闸；手柄回零后主接触器保持接通但是制动器延时 1s 抱闸制动。

（4）采用强迫风冷，起升电动机一运行风机电动机就启动，起升电动机停止运行后风机电动机延时 1min 失电；

（5）行程保护在上下终点限位的基础上增加上下减速（接近开关）和上极限保护，减速保护动作时，单向速度速度限定到 10Hz，上极限限位动作时，正反向均不动作，需按旁路按钮退出上极限位置后才能重新动作。

（6）设有急停按钮，当发生紧急情况时，司机按下急停按钮，主接触器 KM1 断开，制动器电动机立即失电抱闸，紧急情况解除后，拔出急停按钮，然后按故障复位按钮又能重新动作。

由于采用变频调速，主电路需增加一台变频器；而控制电路因为控制要求的改变也需要增加一些输入/输出设备（主令控制器、限位、中间继电器、接触器和指示灯等）。在分析清楚控制要求的前提下，列出 I/O 分配表，设计硬件电路和梯形图程序然后安装调试。

二、知识准备

（一）三菱 E700 变频器准圆

本项目中，为实现变频调速，采用三菱 E700-0.4kW 变频器。

1. 主回路接线

图 5-18 为三菱 E700 变频器主回路端子接线图，端子功能见表 5-2。

本项目中，注意不要将交流电源输入端子和变频器输出端子接反，否则会烧坏变频器。制动单元和直流电抗器端子不用接线。

2. 控制回路接线

变频器除面板控制外，还可以用多功能输入端子、模拟量输入端子和 RS485 通信进行控制，本项目中要实现多段速控制，因此可以选择多功能输入端子控制方式，其多功能端子表见表 5-3。

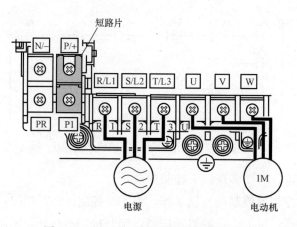

图 5-18　E700 变频器主回路端子接线图

表 5-2　　　　　　　　三菱 E700-0.4kW 变频器主回路端子功能表

端子记号	端子名称	备　注
R/L1、S/L2、T/L3	交流电输入	连工频交流电源
U、V、W	变频器输出	接笼型电动机
P/+、N/−	制动单元连接	选接制动单元
P/+、P1	直流电抗器连接	选接直流电抗器

表 5-3　　　　　　　　三菱 E700-0.4kW 变频器多功能输入端子功能表

端子记号	端子名称	备　注
STF	正转	Pr.198=60（默认正转）
STR	反转	Pr.198=61（默认反转）
RH	高速	Pr.182=2，Pr.79=3 高速频率由 Pr.4 设定
RM	中速	Pr.181=1，Pr.79=3 中速频率由 Pr.5 设定
RL	低速	Pr.180=0，Pr.79=3 低速频率由 Pr.6 设定
SD	公共端	

　　Pr.180/181/182 分别设定 RL、RM 和 RH 的功能为低、中、高速，如图 5-19 所示。Pr.79 设定控制方式，值为 3 时表示外部和面板组合模式，正反转和多段速可以由外部端子控制，多段速频率可以由面板设定。加速和减速时间由 Pr.7 和 Pr.8 设定。

　　（二）接近开关

　　上减速和下减速限位因动作比较频繁，如使用机械摆杆限位比较容易损坏，所以使用接近开关。本项目中使用的接近开关为直流 24V 三线式电感型接近开关（NPN 型），其接线方法如图 5-20 所示。

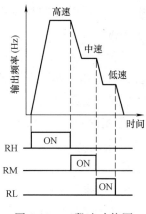

图 5-19 三段速功能图

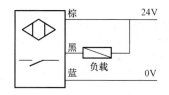

图 5-20 直流 24V 三线式接近开关
接线图（NPN 型）

三、任务实施

（一）列出 I/O 分配表

本项目输入/输出分配表见表 5-4。

表 5-4　　　　　　　　　　　　　　　　输入/输出分配表

输入设备	原理号	输入地址	输出设备	原理号	输出地址
手柄主令控制器	SA-1	X0	正转中继	K1	Y1
	SA-2	X1	反转中继	K2	Y2
	SA-3	X2	低速中继	K3	Y3
	SA-4	X3	中速中继	K4	Y4
	SA-5	X4	高速中继	K5	Y5
	SA-6	X5	主电动机接触器	KM1	Y11
上极限中继触点	K6	X6	制动电动机接触器	KM2	Y12
极限旁路按钮	SB2	X7	风机电动机接触器	KM3	Y13
急停按钮	JSB	X10			
复位按钮	SB1	X11			
上减速限位	SQ1	X12			
下减速限位	SQ2	X13			
上终点限位	SQ3	X14			
下终点限位	SQ4	X15			
主接触器通按钮	SB3	X16			
主接触器断按钮	SB4	X17			

（二）主电路硬件设计

图 5-21 是改造后的主电路电气原理图。

1. 主电动机控制

改造后用三菱 E700 变频器交流变频调速，可以用 PLC 输出中继控制变频器正反转和多段速端子，以便通过编程实现不同的工况。接触器 KM1 放在变频器输入侧，若想

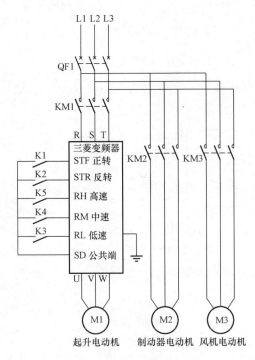

图 5-21　改造后主电路原理图

提高功率因数，可以考虑在变频器输入侧增加交流电抗器。

2. 制动器和风机控制

为减少冲击和冷却，制动器和风机需要断电延时控制，所以增加单独的接触器。

（三）控制电路硬件设计。

图 5-22 是改造后的控制电路原理图。

1. 主接触器控制

通过主接触器通按钮和主接触器断按钮控制，设有零位保护环节，即失电又得电后，如果手柄不在零位主接触器是不同的。另外正常操作时，手柄回零后主接触器并不断开直到按下主接触器断按钮。出现故障时，主接触器立即实现并且抱闸制动。

2. 主令控制器

起升的上升下降以及高中低多段式调速都通过主令控制器的操作来实现，主令控制器设 6 个触点连至 PLC 输入端子，分别对应零挡、上升、下降、低速、中速和高速命令。

3. 制动器和风机的延时控制

正常操作时为减小冲击，手柄回零后制动器延时 1s 失电抱闸制动，出现故障时立即抱闸制动。风机在手柄回零后延时 1min 失电。

4. 行程保护

上下减速和终点限位直接连至 PLC 输入端子，上下减速采用直流 24V 三线式接近开关，为增加安全性，又增加了上极限限位。减速和终点限位动作并不是故障，例如上减速限位动作后，不能快速上升，但是可以快速下降；上终点限位动作后不能上升，但是可以下降。而极限限位动作后则两个方向都不能运行，制动器会马上抱闸，这就属于故障了，必须按住旁路按钮将其短路并退出极限位后才能重新动作。另外由于上极限限位和上下减速及终点限位不在同一位置，离 PLC 较远，为确保信号传输带的可靠性，采用了一个交流中间继电器。

5. PLC 输出回路电源

由于 PLC 输出设备有直流中间继电器和交流接触器，所以分成两组，直流中间继电器采用直流开关电源提供的 24V 直流电。

（四）梯形图设计

梯形图如图 5-23～图 5-27 所示。

（五）安装调试

（1）合理选择变频器和其他电器元件；

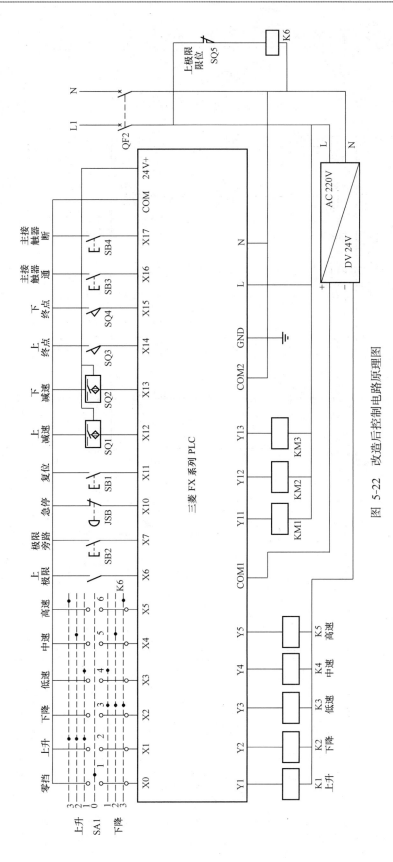

图 5-22 改造后控制电路原理图

图 5-23　梯形图-1

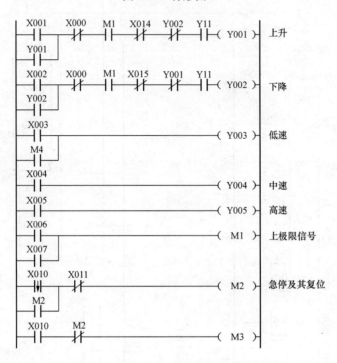

图 5-24　梯形图-2

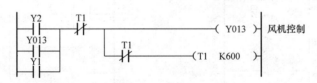

图 5-25　梯形图-3

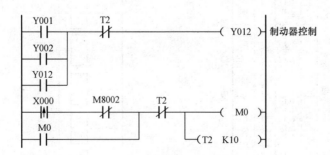

图 5-26　梯形图-4

（2）按照电气规范安装接线，注意布线美观整齐，不交叉，可靠接地；

（3）编写程序并传送给 PLC；

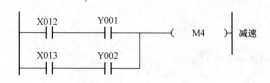

图 5-27　梯形图-5

（4）设置变频器参数，Pr. 79＝3，Pr. 180＝0，Pr. 181＝1，Pr. 182＝2，Pr. 4＝10Hz，Pr. 5＝30Hz，Pr. 6＝50Hz，Pr. 7＝8s，Pr. 8＝8s；

（5）在线调试。

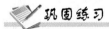 巩固练习

本例中将主令控制器改成电位器给定速度值则 PLC 外部接线和程序应如何设计？

PLC 通信应用技术

随着计算机技术尤其是计算机通信网络技术的发展，PLC 在复杂工业控制系统中的应用也日益广泛。为了完成控制任务，PLC 往往需要和计算机、其他 PLC、变频器等智能设备进行通信。如果把 PLC 与 PLC、PLC 与计算机或 PLC 与其他智能装置通过传输介质连接起来，就可以实现通信或组建网络，从而构成功能更强、性能更好的控制系统，这样可以提高 PLC 的控制能力及控制范围，实现综合及协调控制；同时，还便于计算机管理及对控制数据的处理，提供人机界面友好的操控平台；可使自动控制从设备级发展到生产线级，甚至工厂级，从而实现智能化工厂（Smart Factory）的目标。

把 PLC 与 PLC，PLC 与计算机，PLC 与人机界面或 PLC 与智能装置通过信道连接起来，实现通信，以构成功能更强、性能更好，信息流畅的控制系统，一般称为 PLC 联网，如图 6-1 (a)、(b) 所示。

若不是多个 PLC 或计算机，而仅为两个 PLC，或一个 PLC 与一个计算机，或 PLC 与人机界面建立连接，一般不称为联网，而叫做链接。PLC 的链接示例，如图 6-1 (c) 所示。

■N：N网络
执行FX系列间的通信。
[最多8台]
·FX$_{1S}$、FX$_{1N}$、FX$_{2N}$、FX$_{3U}$、FX$_{1NC}$、FX$_{2NC}$、FX$_{3UC}$

■PLC与计算机网络
在计算机及可编程控制器之间执行通信。
[最多16台]
·FX$_{1S}$、FX$_{1N}$、FX$_{2N}$、FX$_{3U}$、FX$_{1NC}$、FX$_{2NC}$、FX$_{3UC}$、A、Q系列

■并联链接
在2台基本单元间执行通信。
[最多2台]
·FX$_{1S}$ ⇔ FX$_{1S}$
·FX$_{1N}$/FX$_{1NC}$ ⇔ FX$_{1N}$/FX$_{1NC}$
·FX$_{2N}$/FX$_{2NC}$ ⇔ FX$_{2N}$/FX$_{2NC}$
·FX$_{3U}$/FX$_{3UC}$ ⇔ FX$_{3U}$/FX$_{3UC}$

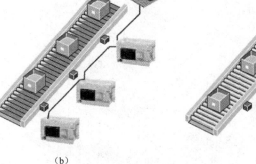
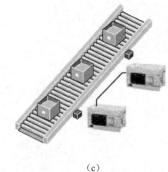

(a)　　　　　　　　(b)　　　　　　　　(c)

图 6-1　PLC 与智能设备的连接形式
(a) PLC 与 PLC 联网；(b) PLC 与计算机联网；(c) PLC 链接

PLC联网之后，还可以进行网与网互联，以组成更为复杂的网络与通信系统。

随着计算机技术、通信及网络技术的飞速发展，PLC在通信及网络方面的发展也极为迅猛，几乎所有提供可编程控制器的厂家都开发了通信模块或网络系统。随着网络化控制及集散式控制不断普及，工业控制要求的不断提高，传统的PLC控制系统的网络化方向发展已成为趋势。

本模块通过两个案例，对PLC通信技术进行简要的介绍。

》任务1　三菱FX系列PLC与三菱变频器的通信应用

一、项目任务

本例是通过RS-485串口在三菱FX系列PLC与三菱变频器之间建立通信链接，一方面PLC可以控制变频器运行，另一方面变频器也可以将其实际状态反馈给PLC以便在PLC程序中进行运算调整，控制变频器更加精确地运行。

二、知识准备

并行通信是以字节或字为单位的数据传输方式，除了8根或16根数据线、一根公共线外，还需要通信双方联络用的控制线。并行通信的传送速度快，但是传输线的根数多，抗干扰能力较差，一般用于近距离数据传送，例如PLC的基本单元、扩展单元和特殊模块之间的数据传送。

串行通信是以二进制的位（bit）为单位的数据传输方式，每次只传送一位，最少只需要两根线（双绞线）就可以连接多台设备，组成控制网络。串行通信需要的信号线少，适用于距离较远的场合。计算机和PLC都有通用的串行通信接口，例如RS-232C或RS-485接口，工业控制中计算机之间的通信一般采用串行通信方式。

RS-232、RS-422与RS-485都是串行数据接口标准，最初都是由电子工业协会（EIA）制订并发布的，RS-232在1962年发布，命名为EIA-232-E，作为工业标准，以保证不同厂家产品之间的兼容。RS-422由RS-232发展而来，它是为弥补RS-232之不足而提出的。为改进RS-232通信距离短、速率低的缺点，RS-422定义了一种平衡通信接口，将传输速率提高到10Mb/s，传输距离延长到1219.2m(4000ft)（速率低于100kb/s时），并允许在一条平衡总线上连接最多10个接收器。RS-422是一种单机发送、多机接收的单向、平衡传输规范，被命名为TIA/EIA-422-A标准。为扩展应用范围，EIA又于1983年在RS-422基础上制订了RS-485标准，增加了多点、双向通信能力，即允许多个发送器连接到同一条总线上，同时增加了发送器的驱动能力和冲突保护特性，扩展了总线共模范围，后命名为TIA/EIA-485-A标准。由于EIA提出的建议标准都是以"RS"作为前缀，所以在通信工业领域，仍然习惯将上述标准以RS作前缀称谓。

一般来讲，计算机上的串口为RS-232（九针），而PLC或变频器上的串口为RS-422

（8 针，如 FX_{1N}-40MR 的编程接口）或 RS485。本案例中 PLC 为 FX_{2N}，配有通信模块 FX_{2N}-485-BD；变频器为 A500 系列。

三、项目实施

1. 硬件链接

两者之间通过网线连接（网线的 RJ45 插头和变频器的 PU 插座接），使用两对导线连接，即将变频器的 SDA 与 PLC 通信板（FX_{2N}-485-BD）的 RDA 接，变频器的 SDB 与 PLC 通信板（FX_{2N}-485-BD）的 RDB 接，变频器的 RDA 与 PLC 通信板（FX_{2N}-485-BD）的 SDA 接，变频器的 RDB 与 PLC 通信板（FX_{2N}-485-BD）的 SDB 接，变频器的 SG 与 PLC 通信板（FX_{2N}-485-BD）的 SG 接。图 6-2 为 A500 变频器 PU 端口。

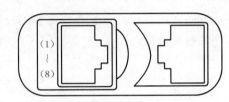

(1)-SG; (5)-SDA;
(2)-P5S; (6)-RDB;
(3)-RDA; (7)-SG;
(4)-SDB; (8)-P5S

图 6-2　A500 变频器 PU 端口

2. 三菱变频器的设置

PLC 和变频器之间进行通信，通信规格必须在变频器的初始化中设定，如果没有进行初始设定或有一个错误的设定，数据将不能进行传输。表 6-1 为变频器参数设置表。

表 6-1　　　　　　　　　　　变频器参数设置表

参数号	名　称	设定值	说　明
Pr. 117	站号	0	设定变频器站号为 0
Pr. 118	通信速率	96	设定波特率为 9600b/s
Pr. 119	停止位长/数据位长	11	设定停止位 2 位，数据位 7 位
Pr. 120	奇偶校验有/无	2	设定为偶校验
Pr. 121	通信再试次数	9999	即使发生通信错误，变频器也不停止
Pr. 122	通信校验时间间隔	9999	通信校验终止
Pr. 123	等待时间设定	9999	用通信数据设定
Pr. 124	CR、LF 有/无选择	0	选择无 CR、LF

每次参数初始化设定完以后，需要复位变频器。如果改变与通信相关的参数后，变频器没有复位，通信将不能进行。

Pr. 122 号参数一定要设成 9999，否则当通信结束以后且通信校验互锁时间到时变频会产生报警并且停止（E. PUE）。Pr. 79 号参数一定要设成 1，即 PU 操作模式。

3. 三菱 PLC 的设置

三菱 FX 系列 PLC 在进行计算机链接（专用协议）和无协议通信（RS 指令）时均需对通信格式（D8120）进行设定，其中包含波特率、数据长度、奇偶校验、停止位和数据格式等。在修改了 D8120 设置后，确保关掉 PLC 的电源，然后再打开。

D8120 设置为：　　 0000　1100　1000　1110

即数据长度为 7 位、偶校验、2 位停止位、波特率为 9600b/s、无标题符和终结符、没有添加和校验码、采用无协议通信（RS-485）。

有关利用三菱变频器协议与变频器进行通信的 PLC 程序如下：

0	LD	M8002			
1	MOV	H0C8E	D8120		
6	FMOV	K0	D500	K10	
13	BMOV	D500	D600	K10	
20	ZRST	D203	D211		
25	SET	M8161		（8 位数据处理）	
27	LD	M8000			
28	MOV	H05	D200		
33	MOV	H30	D201		
38	MOV	H30	D202		
43	AND<=	Z0	D20		
48	ADD	D21	D201Z0	D21	（计算和校验）
55	INC	Z0			
58	LD	M8000			
59	ASCI	D21	D206Z1	K2	
66	LD	M8000			
67	RS	D200	K12	D500	K10
76	LDP	M10			
78	ORP	M11			
80	ORP	M12			
82	MOV	H46	D203		
87	MOV	H41	D204		
92	MOV	H30	D205		
97	MOV	H30	D206		
102	RST	Z0			
105	MOV	K6	D20		
110	MOV	K2	Z1		
115	RST	D21			
118	LDP	M10			

120	MOV	H32	D207	
125	LDP	M11		
127	MOV	H30	D207	
132	LDP	M12		
134	MOV	H34	D207	
139	LDP	M13		
141	MOV	H36	D203	
146	MOV	H46	D204	
151	MOV	H30	D205	
156	RST	Z0		
159	MOV	K4	D20	
164	MOV	K0	Z1	
169	RST	D21		
172	LDP	M14		
174	MOV	H45	D203	
179	MOV	H44	D204	
184	MOV	H30	D205	
189	ASCI	D400	D206	K4
196	RST	Z0		
199	MOV	K8	D20	
204	MOV	K4	Z1	
209	RST	D21		
212	LDF	M10		
214	ORF	M11		
216	ORF	M12		
218	ORF	M13		
220	ORF	M14		
222	FMOV	K0	D500	K10
229	BMOV	D500	D600	K10
236	SET	M8122	（发送）	
238	LD	M8123		
239	BMOV	D500	D600	K10
246	RST	M8123		
248	LD	M8000		
249	HEX	D603	D700	K4
256	END			

关于上述程序说明：

当 M10 接通一次以后变频器进入正转状态。

当 M11 接通一次以后变频器进入停止状态。

当 M12 接通一次以后变频器进入反转状态。

当 M13 接通一次以后读取变频器的运行频率（D700）。

当 M14 接通一次以后写入变频器的运行频率（D400）。

》任务2　工厂自动化系统的实现

一、项目任务

目前工业面临的最大问题就是节能减排，提高效率。经过很多科研人员、专家的研究，最有效的解决方案就是网络的实施。因为通过网络可以节省配线，增加数据量的传输，减少人员维护、维修等。在工业中经常遇到的是工厂自动化系统的实现。

二、知识准备

1. 工业网络协议

我们最常接触、最接近生产的是从控制层网络往下的现场总线网络（现场控制网络）。现场总线网络主要的有德国西门子的 PROFIBUS-DP，美国 AB（罗克韦尔）的 DEVICE-NET，日本三菱的 CC-Link 网络。这三种网络协议的最基本的原理协议就是 RS-485 协议。控制协议最主要的有 RS-232，RS-485，RS-422（RS-485 的双工位），所有的基层网络都离不开这几种协议。

RS-232 协议（串口协议）只是应用最简单的通信控制其通信数据量，通信距离都非常短，但是非常的方便简洁，基本上的应用就是电脑和其他数据设备的通信，但是现在基本上都是采用 USB 通信，这是在串口的基础上发展起来的。

RS-485 协议（并口协议），最常见的是电脑控制的打印机，采用的是并口协议。这种控制方式因为数据量非常大和传输距离非常远，并且抗干扰能力非常强，所以工业衍射出来网络都是在此基础上发展而来的。

2. 工业网络传输介质

（1）双绞屏蔽线，信号的双绞线一定要控制好，两根绞起来的线要根据信号进行接线。

（2）同轴电缆，是最常见的一种网络传输介质，目前数字模拟电视的电缆采用的就是同轴电缆。

（3）光纤电缆。

（4）无线网络。

（5）红外网络。

3. CC-Link 特性

MELSECNET/H 和 CC-Link 使用循环通信的方式，周期性自动地收发信息，不需要专门的数据通信程序，只需简单的参数设定即可。MELSECNET/H 和 CC-Link 是使用广播方式进行循环通信发送和接收的，这样就可做到网络上的数据共享。CC-Link 的特性如下：

(1) 减少配线，提高效率；

(2) 广泛的多厂商设备使用环境；

(3) 高速的输入/输出响应；

(4) 距离延长自由自在；

(5) 丰富的 RAS 功能。

4. CC-Link 通信距离

CC-Link 总长度达 1.2km*，如果使用 T 型分支中继器模块，甚至可以延长至最长可达到 13.2km*（其中 * 是指传送速度设定为 156kb/s 时的最大传送距离）。CC-Link 在不同传送速度时对应的总延长距离，如图 6-3 所示。

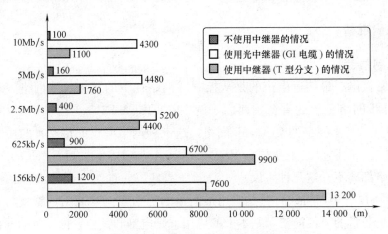

图 6-3　CC-Link 的总延长距离

5. CC-Link 的通信规范

CC-Link 的通信规范，见表 6-2。

表 6-2　　　　　　　　　　　　　**CC-Link 的通信规范**

传输速率	10Mb/s、5Mb/s、2.5Mb/s、625kb/s、156kb/s
通信方式	广播轮询方式
同步方式	帧同步方式
编码方式	NRZI（倒转不归零）
传输路径格式	总线型（基于 EIA 485）
传输格式	基于 HDLC
差错控制系统	CRC($X^{16}+X^{12}+X^5+1$)
最大链接容量	RX，RY：2048 位 RWw：256 字（自主站到从站） RWr：256 字（自从站到主站）

续表

每站链接容量	RX, RY: 32 位（本地站 30 位） RWw: 4 字（自主站到从站） RWr: 4 字（自从站到主站）
最大占用内存站数	4 站
瞬时传输（每次链接扫描）	最大 960 字节/站 150 字节（主站到智能设备站/本地站）；34 字节（智能设备站/本地站到主站）
连接模块数	$(1 \times a) + (2 \times b) + (3 \times c) + (4 \times d) \leqslant 64$ 站 a：占用 1 个内存站的模块数；b：占用 2 个内存站的模块数 c：占用 3 个内存站的模块数；d：占用 4 个内存站的模块数 $16 \times A + 54 \times B + 88 \times C \leqslant 2304$ A：远程 I/O 站模块数，最大 64； B：智能设备站模块数，最大 42； C：本地站、智能设备站模块数，最大 26
从站站号	1～64
RAS 功能	自动恢复功能； 从站切断； 数据链路状态诊断； 离线测试； 待机主站
连接电缆	CC-Link 专用电缆（三芯屏蔽绞线）
终端电阻	110Ω，1/2W×2 在干线两端均要接终端电阻，每个电阻跨接在 DA-DB 之间

三、项目实施

三菱公司 PLC 网络继承了传统使用的 MELSEC 网络，并使其在性能、功能、使用简便等方面更胜一筹。我们以三菱推出的最新整合解决方案 e-Factory 来实现网络自动化。它通过构筑工厂设备无缝通信结构，可以解决制造业面临的如何迅速响应需求变化，提高运转率，缩短开发周期，改善质量，降低成本等问题，实现生产现场的信息化并利用信息系统活用其数据，为提高客户整体生产力作出贡献。

1. 工厂自动化系统的构成

工厂自动化系统的框架，如图 6-4 所示。

工厂自动化系统的 CC-Link 网络，如图 6-5 所示。

（1）信息层/Ethernet（以太网）信息层为网络系统中最高层，主要是在 PLC、设备控制器以及生产管理用 PC 之间传输生产管理信息、质量管理信息及设备的运转情况等数据，信息层使用最普遍的 Ethernet。它不仅能够连接 Windows 系统的 PC、UNIX 系统的工作站等，而且还能连接各种 FA 设备。Q 系列 PLC 系列的 Ethernet 模块具有了日益普及的 Internet 电子邮件收发功能，使用户无论在世界的任何地方都可以方便

三菱PLC控制技术应用

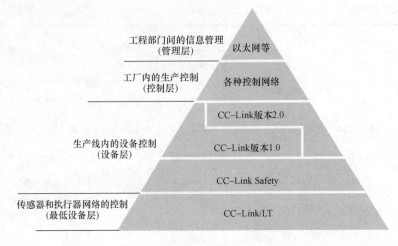

图 6-4 工厂自动化系统的框架

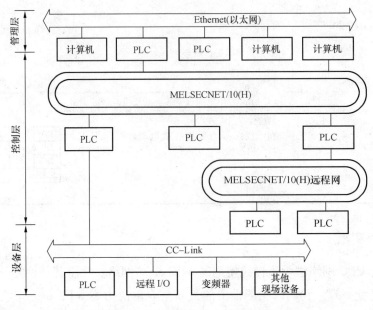

图 6-5 工厂自动化的 CC-Link 网络

地收发生产信息邮件，构筑远程监视管理系统。同时，利用 Internet 的 FTP 服务器功能及 MELSEC 专用协议可以很容易实现程序的上传/下载和信息的传输。

（2）控制层/MELSECNET/10（H）是整个网络系统的中间层，在是 PLC、CNC 等控制设备之间方便且高速地进行处理数据互传的控制网络。作为 MELSEC 控制网络的 MELSECNET/10，以它良好的实时性、简单的网络设定、无程序的网络数据共享概念，以及冗余回路等特点获得了很高的市场评价，被采用的设备台数在日本达到最高，在世界上也是屈指可数的。而 MELSECNET/H 不仅继承了 MELSECNET/10 优秀的特点，还使网络的实时性更好，数据容量更大，进一步适应市场的需要。但目前 MELSECNET/H 只有 Q 系列 PLC 才可使用。

（3）设备层/现场总线 CC-Link 设备层是把 PLC 等控制设备和传感器以及驱动设备连

112

接起来的现场网络，为整个网络系统最低层的网络。采用 CC-Link 现场总线连接，布线数量大大减少，提高了系统可维护性。而且，不只是 ON/OFF 等开关量的数据，还可连接 ID 系统、条形码阅读器、变频器、人机界面等智能化设备，从完成各种数据的通信，到终端生产信息的管理均可实现，加上对机器动作状态的集中管理，使维修保养的工作效率也大有提高。在 Q 系列 PLC 中使用，CC-Link 的功能更好，而且使用更简便。

2. CC-Link 效果图

CC-Link 效果图，如图 6-6 所示。

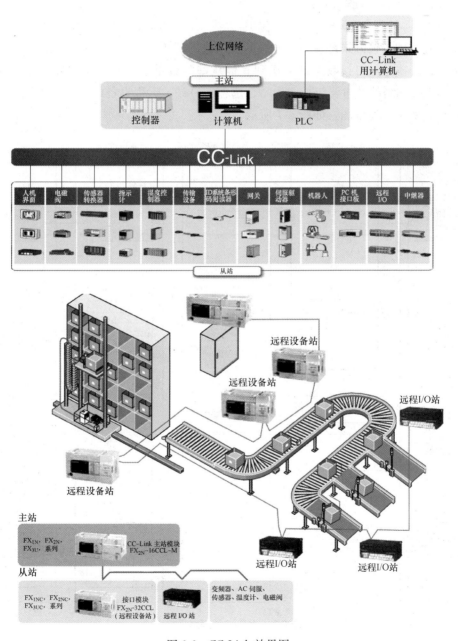

图 6-6　CC-Link 效果图

3. CC-Link 通信的阶段协议

CC-Link 的通信分为如下三个阶段：

（1）初始循环。初始循环阶段用于建立从站数量的数据链接。实现方式是在上电或复位恢复后，作为传输测试，主站进行轮询传输，从站返回响应。

（2）刷新循环。刷新循环阶段执行主站和从站之间的循环或瞬时传输。

（3）恢复循环。恢复循环阶段用于建立从站的数据链接。实现方式是主站向未建立数据链接的站执行测试传输，该站返回响应。

4. CC-Link 网络通信图的实现

RX——远程输入，RY——远程输出，RWr——远程数据读取和 RWw——远程数据写出。它们的传输方式是主站周期性的向从站发送数据，而每个从站又向主站发送数据作为回应。本地站可接收主站发送到其他从站的数据以及其他从站发送给主站的数据。CC-Link 网络的站主要包括：主站、远程 I/O 站、远程设备站、本地站、智能设备站。主从站的网络通信图，如图 6-7 所示。

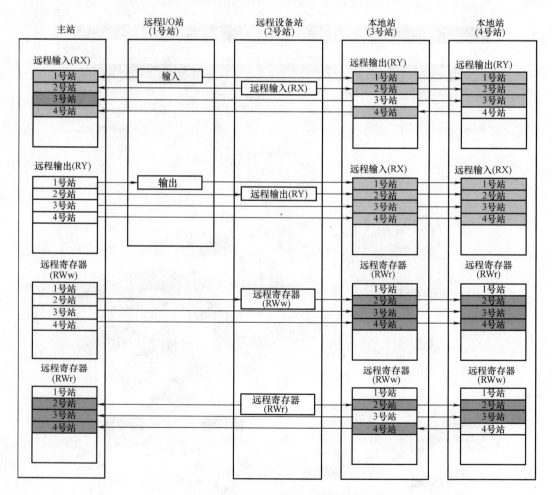

图 6-7 主从站的网络通信图

项目 7

编 程 软 件 的 应 用

一、项目提出

三菱 FX$_{2N}$ 系列 PLC 常用编程软件有 SWOPC-FXGP/WIN-C 编程软件和 GX-Developer 编程软件。通过编程软件可以完成程序的编写、下载、监测等操作功能。

二、项目任务

（1）电动机正反转梯形图直接输入。
（2）通过键盘输入指令编写电动机正反转的梯形图。
（3）电动机正反转顺序功能图的编写。
（4）程序的转换、传输、在线监测的操作。

三、功能分析与实现

（1）FXGP1（梯形图直接输入）
（2）FXGP2（从键盘输入指令编写梯形图）
（3）FXGP3（状态图的编写）
（4）GX1（梯形图直接输入）
（5）GX2 直接从键盘输入指令编写梯形图
（6）GX3（状态图的编写）

四、知识准备

（一）FX-GP/WIN-C 编程软件

1. 软件概述

SWOPC-FXGP/WIN-C 是专为三菱 FX 系列 PLC 设计的编程软件，可在 Windows 3.1、Windows 9x 以上操作系统运行，如图 7-1 所示。

（1）FXGP/WIN-C 编程软件主要由以下功能：

1）脱机编程。可以在计算机上通过该软件采用指令表、梯形图，以及 SFC 顺序功能图来创建 PLC 程序，可以添加程序注释以及进行语法检查、双线圈检验等。

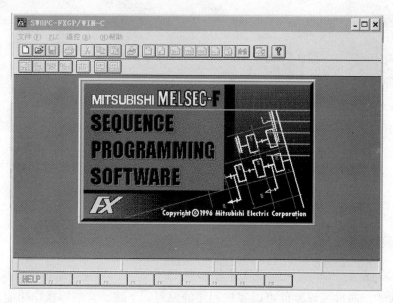

图 7-1　三菱 FXGP/WIN-C 编程软件

2) 文件管理。可以将 PLC 程序作为文件进行保存、复制、删除、重命名和打印等。

3) 程序传输。可以通过专用的编程电缆连接 PLC 和计算机，建立通信后可实现程序的上传和下载。

4) 运行监控。PLC 与计算机建立通信后可对 PLC 程序进行监控，实时观察各编程元件的通断状态。

(2) 操作界面。如图 7-2 所示为 FXGP/WIN-C 编程软件的界面，主要由下拉菜单、工具栏（两行）、梯形图编辑区、程序状态栏、功能键和功能图等部分组成。

1) 下拉菜单。下拉菜单有文件、编辑、工具、查找、视图、PLC、遥控、监控/测试、选项、窗口、帮助共 11 个菜单。

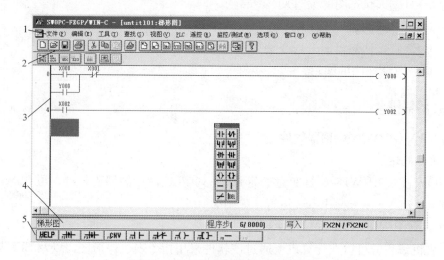

图 7-2　FXGP/WIN-C 编程软件界面

1—下拉菜单；2—工具栏（两行）；3—梯形图编辑区；4—程序状态栏；5—功能键

2）工具栏。工具栏共有两行，第一行除了文件的新建、打开、保存、打印文件和剪切、复制、粘贴等功能外，还有程序转换、到顶和到底（翻看较长程序时使用）、元件名查找、元件查找、指令查找、触点/线圈查找、到指定程序步等功能，这些功能使用的频率都比较高。

工具栏第二行有梯形图视图、指令表视图、注释视图、注释显示设置、开始监控和停止监控功能。

3）梯形图编辑区。梯形图直观、简洁、通俗易懂，大部分编程人员在使用编程软件编程时使用梯形图进行编程。梯形图左右两侧粗实线为母线，左母线左侧数字为程序步号，编程区中蓝色实心区域为当前选定的操作区域。

4）程序状态栏。主要显示当前窗口类型（梯形图、指令表和 SFC 三种）、程序步数和程序总部数、当前读写状态、PLC 类型。

5）功能键。可以通过左键单击直接选定，也可以利用 F1～F9 键选定相应的功能。

6）功能图。具有 14 个常用梯形图绘制功能，功能图窗口可以拖放并且只有在梯形图模式下才会出现。

2. 梯形图编辑

（1）文件的新建、打开与保存。在 FXGP/WIN-C 中可以通过文件下拉菜单或工具栏的"新文件"命令新建文件，首先要选择 PLC 类型，如图 7-3 所示。

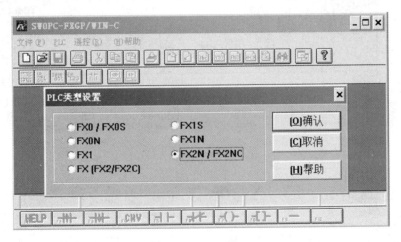

图 7-3　选择 PLC 类型

可以通过文件下拉菜单或工具栏的"打开"命令打开一个程序文件，如图 7-4 所示，FXGP/WIN-C 默认的扩展名是 PMW。通过文件下拉菜单的"保存"和"另存"命令可以将编制的程序分别保存到默认或指定的路径中。

（2）绘制、修改梯形图。单击功能图或功能键中相应的编程元件，将会显示"输入元件"对话框，在对话框中输入编程元件的地址，单击"确认"键即可完成编程元件的输入，如图 7-5 所示。

选中编程元件后，单击右键可以对其进行复制、剪切、粘贴等操作，如图 7-6 所示。另外还可以通过鼠标拖曳选中一个程序块进行复制、剪切和粘贴，如图 7-7 所示。

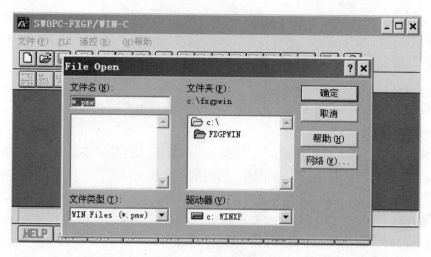

图 7-4　打开文件

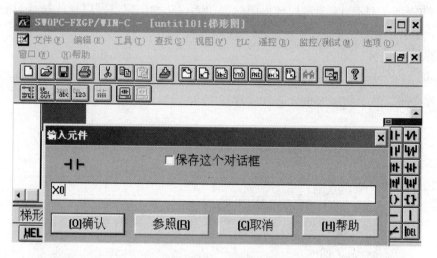

图 7-5　输入编程元件

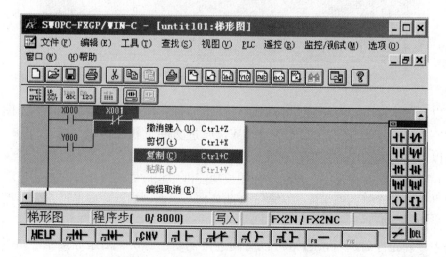

图 7-6　单个编程元件的复制、剪切和粘贴

图 7-7　程序块的复制、剪切和粘贴

通过编辑下拉菜单的"行插入"和"行删除"命令可以删除一行程序或者插入一个空行以修改梯形图，如图 7-8 所示。

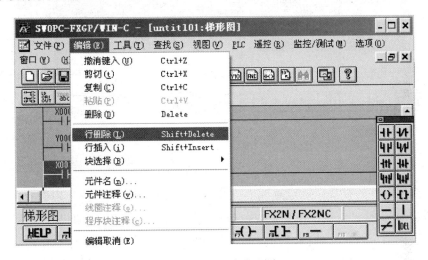

图 7-8　行插入与行删除

通过工具栏或功能图的"连线"命令除了可以绘制水平和垂直的连线，还能实现"取反"功能，如图 7-9 所示。

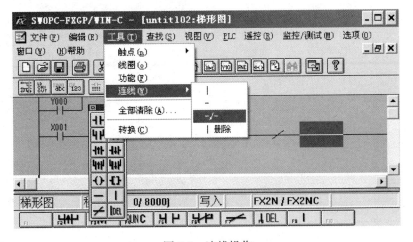

图 7-9　连线操作

通过工具栏的"全部清除"命令，可以删除当前梯形图的全部程序。

（3）梯形图的转化。当编完程序并传送至 PLC 之前，必须将程序进行转化，可以通过工具下拉菜单的"转化"命令来实现，也可以按 F4 功能键直接转化，如图 7-10 所示。转化后的梯形图程序背景会从灰色变为白色。

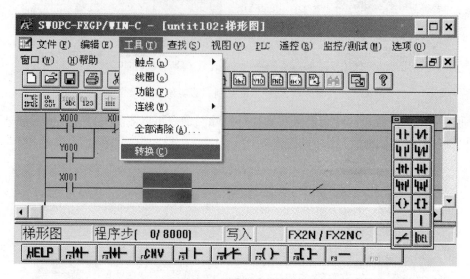

图 7-10　梯形图的转化

3. 查找与注释

（1）编程元件的查找。通过查找下拉菜单的"元件查找"命令可以查找某个编程元件，如图 7-11 所示；通过"指令查找"命令可以查找某条指令；通过"触点线圈查找"命令可以查找某个编程元件的线圈、动合或动断触点，如图 7-12 所示；通过"到指定程序步"命令可以直接移到指定的程序步。注意，查找功能必须在程序转化后才能实现。

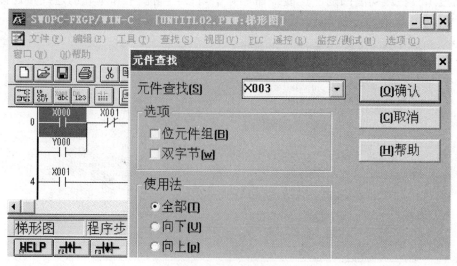

图 7-11　查找编程元件

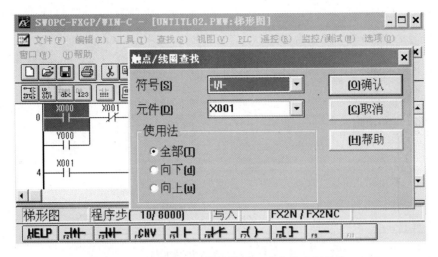

图 7-12　查找编程元件的线圈、动合或动断触点

（2）插入并显示注释。通过视图下拉菜单的"注释视图"命令，可以实现"元件注释""程序块注释"和"线圈注释"，如图 7-13 所示。通过工具栏的"注释显示设置"命令可以选择显示元件名称和注释、线圈注释和程序块注释。

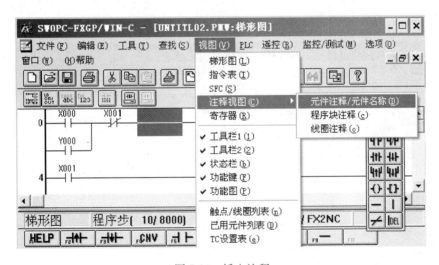

图 7-13　插入注释

4．程序的传送与在线监控

（1）程序的传送。通过 PLC 下拉菜单的"传送"命令可以实现程序的"读入""写出"和"核对"，如图 7-14 所示。

这里的"读入"是指将 PLC 的程序上传到计算机，"写出"是指将计算机里编好的程序下载到 PLC 中，"核对"是指将 PLC 和计算机的程序进行比较，如果两者不符合，将显示与 PLC 不相符的指令的步序号，选中某一步序号后，将显示计算机和 PLC 中该步序号的指令。

需要注意的是，在传送程序之前必须先用编程接口转换电缆 SC-09 连接好计算机的

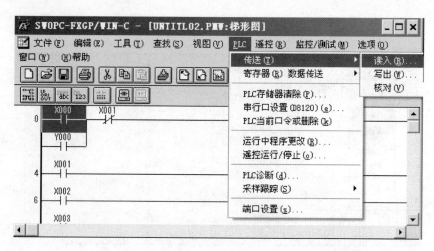

图 7-14　程序的上传与下载

RS-232（9 针）接口和 PLC 的 RS-422 接口（8 针），然后通过 PLC 下拉菜单的"端口设置"命令选择好计算机与 PLC 通信的串行口（默认 COM1）以及"传送速率"（9600b/s 或 19200b/s）。

（2）程序的在线监控。通过监控/测试下拉菜单的"开始监控"命令可以实现程序的在线监控，如图 7-15 所示。

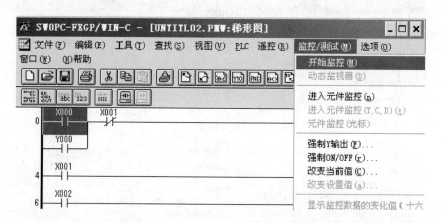

图 7-15　程序监控命令

在 PLC 运行过程中，当编程元件的触点或线圈接通时，会被绿色方块高亮显示，计时器、计数器和数据寄存器的当前值显示在该元件的下方（或上方），并且会随着程序的执行动态发生动态的变化，如图 7-16 所示。

如图 7-17 所示，通过监控/测试下拉菜单的"强制 Y 输出"命令可以强制某个输出继电器的线圈为通或断。通过"强制 ON/OFF"命令可以强制某个编程元件通或断。通过"改变当前值"和"改变设定值"命令可以改变计时器、计数器或数据寄存器的当前值或设定值。

【能力训练】

运用上述知识，利用 FX-GP/WIN-C 编程软件完成电动机正反转梯形图、语句表和

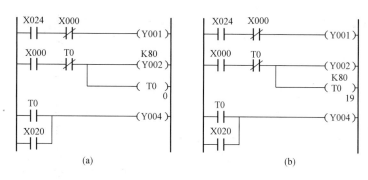

图 7-16　程序在线监控

（a）当 X024 和 X000 为 OFF 时；（b）当 X024 和 X000 为 ON 时

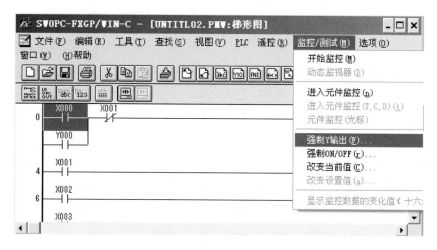

图 7-17　编程元件的强制

功能图输入三个子项目并进行强制操作和程序在线监控演示。

（二）GX-Developer 编程软件

GX-Developer 是三菱 PLC 的通用编程软件，能够完成三菱 Q 系列、QnA 系列、A 系列、FX 系列 PLC 的编程。当选择 FX 系列时，该程序可以将编辑的程序存储为 FXGP（DOS）、FXGP（WIN）格式的文件，以便供 FX-GP/WIN-C 编程软件编辑。

1. 软件概述

GX-Developer 编程软件的界面如图 7-18 所示，主要分成以下几个部分：

（1）下拉菜单：包含工程、编辑、查找/替换、变换、显示、在线、诊断、工具、窗口和帮助共 10 个下拉菜单。

（2）标准工具条：常用功能如工程的建立、保存、打印；程序的复制、剪切与粘贴；元件或指令的查找、替换；程序的读入和写出等。

（3）数据切换工具条：在程序、参数、注释、软元件内存四个项目中切换。

（4）梯形图标记工具条：绘制梯形图所需要的编程元件的动合、动断触点、线圈以及连线和应用指令等。

（5）SFC 工具条：可对 SFC 程序进行块变换、块信息设置、块监视等操作。

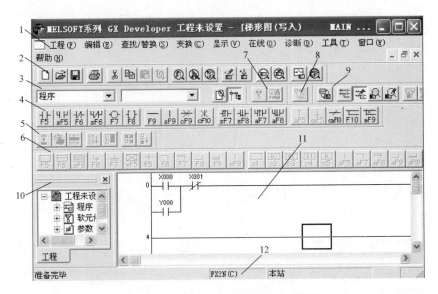

图 7-18　GX-Developer 编程软件的界面

（6）SFC 符号工具条：包含编辑 SFC 程序所需要的步、启动步、结束步、选择合并、平行合并等功能键。

（7）注释工具条：可进行注释范围设置或对公共/各程序的注释进行设置。

（8）编程元件内存工具条：进行编程元件的内存设置。

（9）程序工具条：可进行梯形图和指令表模式的转换以及读出模式、写入模式、监视模式、监视中写入模式的转换等。

（10）工程参数列表：显示程序、软元件注释、参数、软元件内存等内容，在它们之间进行切换并进行相应的编辑、设定等。

（11）操作编辑区：进行程序的编辑、修改和监控等工作的区域。

（12）状态栏：提示当前操作、显示 PLC 的类型以及当前操作状态等。

2. 梯形图编辑

（1）工程的创建、打开与保存。通过工程下拉菜单或标准工具条的"创建新工程"

图 7-19　创建新工程

命令可以创建一个新的工程，首先弹出创建新工程对话框，如图 7-19 所示，从"PLC 系列"下拉框中选择"FXCPU"，从"PLC 类型"下拉框中选择相应的 FX 系列 PLC 型号，在"程序类型"选择框中选择编程模式是梯形图或 SFC。通过使"设置工程名"有效，可以设置工程名称、程序标题和保存路径，当然也可以通过工程下拉菜单或标准工具条的"保存工程"命令来实现。

通过工程下拉菜单或标准工具条的"打开工程"命令可以打开一个已经存在的工程。

通过工程下拉菜单的"读入其他格式的文件"和"写入其他格式的文件"可以实现 GX-Developer 与 FX-GP/WIN-C 的文件转换，如图 7-20 所示。

图 7-20　与 FX-GP/WIN-C 进行文件转换

（2）绘制、修改梯形图。将光标移到选定区域，单击梯形图标记工具条的功能键将会显示"梯形图输入"，提示输入编程元件的名称以及选择输入该编程元件的动合、动断触点或者线圈等，如图 7-21 所示。

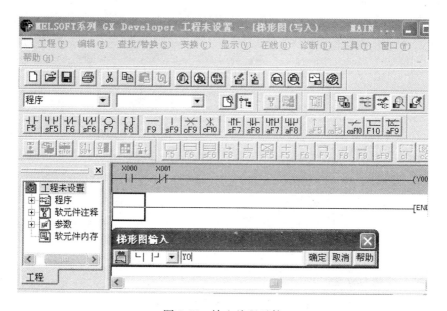

图 7-21　输入编程元件

GX-Developer 中编程元件的复制、剪切、粘贴与 FX-GP/WIN-C 相同，但是 GX-

Developer 的编辑命令更加丰富,除了"行插入""行删除""连线"之外还可以进行"列插入""列删除"以及"划线写入""划线删除"等。其中"划线写入"命令可以实现横线和竖线的连续绘制,对于绘制分支较多的梯形图比较方便,如图 7-22 所示。

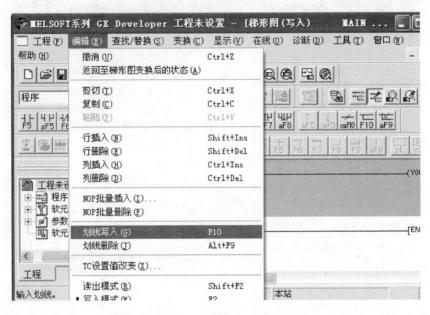

图 7-22　划线写入与删除

（3）梯形图的转换。与 FX-GP/WIN-C 相同,可以将绘制好的梯形图程序通过"变换"下拉菜单的"变换"命令进行,也可以按 F4 键直接转换,如图 7-23 所示。

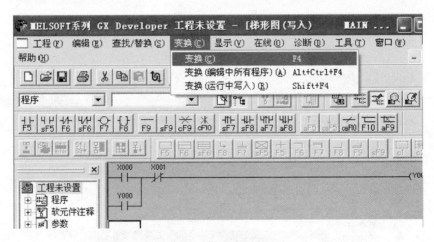

图 7-23　梯形图的转换

3. 查找、替换与注释

（1）查找/替换。通过"查找/替换"下拉菜单的相关命令可以实现"软元件查找""指令查找""步号查找""字符串查找""触点线圈查找"等查找功能,如图 7-24 所示。另外,在操作编辑区单击右键也可以实现这些查找功能。

图 7-24　查找功能

通过"查找/替换"下拉菜单的相关命令还可以实现"软元件替换""指令替换""动合动断触点互换""字符串互换"等替换功能，如图 7-25 所示。

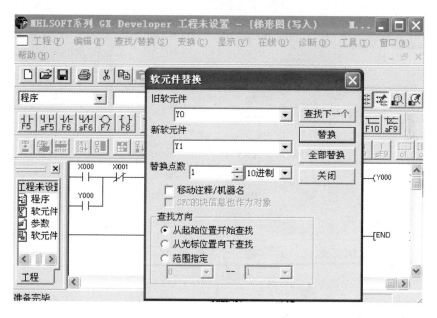

图 7-25　替换功能

（2）注释。在 PLC 中添加注释，可以使程序具有更好的可读性。

在工程参数列表中展开"软元件注释"，双击"COMMENT"命令，右侧将显示注释编辑画面，可在相应的软元件的注释栏内添加注释，如图 7-26 所示。选中"显示"下拉菜单的"注释显示"命令，可以在操作编辑区显示软元件的注释，如图 7-27 所示。另外，通过"显示"下拉菜单的"注释显示"命令可以选择显示注释的大小。

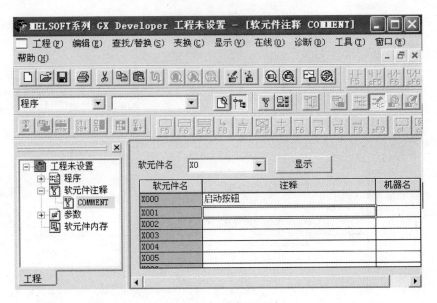

图 7-26 软元件注释

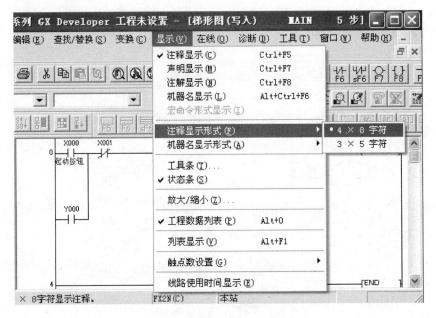

图 7-27 注释显示设置

4. 在线监控与仿真

GX-Developer 中的在线监控功能与 FX-GP/WIN-C 基本相同，只不过操作界面略有差异，在此不再赘述。

在 GX-Developer 7-C 以上版本软件中通过安装 GX-Simulator 配套软件，可以使 GX-Developer 具有离线调试功能，即仿真功能。

如图 7-28 所示，单击"工具"下拉菜单的"梯形图逻辑测试起动"命令可以启动离线仿真功能，几秒钟后，如图 7-29 所示，在"梯形图逻辑测试（LADDER LOGIC

TEST TOOL)"窗口中单击"继电器内存监视"命令，在出现的监视器（DEVICE MEMORY MONITOR）窗口中单击"时序图"下拉菜单的"启动"命令，将会出现时序图窗口，如图 7-30 和 7-31 所示。

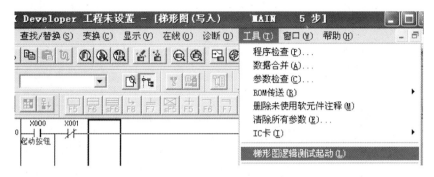

图 7-28　启动离线仿真功能

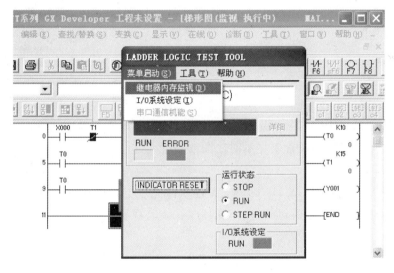

图 7-29　继电器内存监视

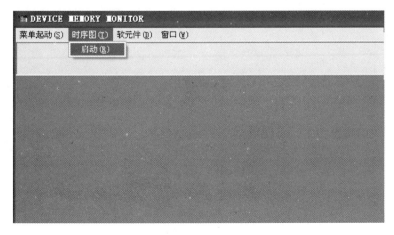

图 7-30　监视器（DEVICE MEMORY MONITOR）窗口

在时序图窗口中单击"监视"下拉菜单的"开始/停止"命令，可以启动时序图监控测试功能。时序图左侧的编程元件中为黄颜色的表示处于"1"状态，可以双击相应的输入继电器来启动程序的运行，如图 7-31 所示。

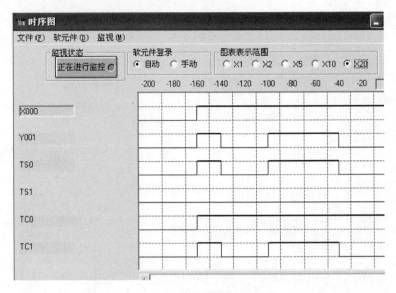

图 7-31　时序图窗口

通过时序图窗口中的"图表显示范围"可以调节时序图的显示比例，而通过"软元件登录"可以手动或自动设置要显示时序图的编程元件。

【能力训练】

运用上述知识，利用 GX-Developer 编程软件完成电动机正反转梯形图、语句表和功能图输入三个子项目并进行强制操作和程序在线监视演示。

PLC 系统维护与诊断

一、PLC 系统检查与维护

PLC 系统检查与维护一般包括系统功能定期检查、插接件或接线端子的定期检查与维护、易损件的定期更换、PLC 的定期维护保养以及机械机构的定期保养等。还有一次比较重要的系统检查就是当系统设计完毕，现场主电缆控制线都已经布设完毕后的系统第一次送电。这是非常重要的一次系统检查。因为这次送电是经过很多步加工工序（项目考察，设计，配线，安装）然后才完成的系统工程，所以第一次送电非常重要，并且也是考验我们技术水平是否全面的一步。

系统第一次送电检查步骤，见表 8-1。

表 8-1 送 电 步 骤

序 号	检查项目	检修内容
1	检查人员装备	电工操作人员的必备工具
2	确认接线	落实压线端子处无松动，线间绝缘无裸露等
3	关掉所有电源开关	主低压断路器，主回路开关
		控制回路开关
4	电源制式	三相五线制（A＋B＋C＋N＋PE）三相火线＋零线＋地线
		三相四线制（A＋B＋C＋N）三相火线＋零线/地线
5	进线电源	进线线径（根据系统功率计算线径）
		相间电压（有无偏压，压差最大值，前提会使用万用表）
6	再次确认电源开关是否关闭	主开关
		控制开关，系统中各处急停开关都已按下
7	送主低压断路器关闭控制开关	然后检查主低压断路器下面的电源，与上面是否相符
		检查回路开关，各处控制开关电压等级，上部电压等级
		AC 380V，AC 220V，DC 24V，DC 10V，DC 5V 与图纸相符
8	送控制开关	检查 PLC 电源等级与电压相符（AC 220/AC 110V/DC 24V）
9	关回路开关	通过 PLC 程序控制输出点，比如接触器线圈等
10	检查 PLC	有些 PLC 电池在出厂前为延长寿命是不连接到 PLC 上的
11	送回路开关	注意这时负载有会有动作，注意安全，接触器带电动机等
12	复位急停开关	在通知人员安全前提下，复位急停开关
13	程序调试	以上如无问题，才可以进行程序调试

PLC虽然可靠性很高，但考虑到环境影响及内部组件的老化等因素，也会造成PLC不能正常工作。如果等到PLC报警或故障发生后再去检查、修理，就会影响正常生产。也就是说事后处理总归是被动的。如果能定期地做好维护、检修，就可以做到系统始终工作在最佳状态下，以免对企业造成经济损失。因此定期检修与做好日常维护是非常重要的。一般情况下检修时间以每6个月至一年1次为宜，当外部环境条件较差时，可根据具体情况缩短检修间隔时间。PLC日常维护检修的一般内容见表8-2。

表8-2   PLC 维护检修项目、内容

序　号	检修项目	检修内容
1	供电电源	在电源端子处测电压变化是否在标准范围内
2	外部环境	环境温度（控制柜内）是否在规定范围
		环境湿度（控制柜内）是否在规定范围
		积尘情况（一般不能积尘）
3	I/O 电源	在输入、输出端子处测电压变化是否在标准范围内
		各单元是否可靠固定、有无松动
4	安装状态	连接电缆的连接器是否完全插入旋紧
		外部配件的螺钉是否松动
5	寿命组件	锂电池寿命等

并且所有型号可编程控制器的共性就是表面的快捷指示，也就是 LED 指示灯：电源指示灯（POWER），运行指示灯（RUN），电池指示灯（BAT），故障指示灯（ERR），输入/输出指示等。LED 指示灯的状态及判断标准等，见表8-3。

表8-3   LED 指示灯的状态

项　　目	检查项目	检查内容	判断标准	对应措施
1	电源［POWER］LED	确认灯亮	灯亮［熄灭为异常］	详细见下面
2	CPU［RUN］LED	确认［RUN］灯亮	灯亮［熄灭为异常］	
3	CPU［ERR］LED	确认熄灯灭	灯灭［亮或闪烁为异常］	
4	电池［BAT］LED	确认熄灯灭	灯灭［亮为异常，一般为黄灯］	
5	输入 LED	检查灯亮灭状态	ON 亮 OFF 灭［其他异常］	
6	输出 LED	检查灯亮灭状态	ON 亮 OFF 灭［其他异常］	

注意：CPU［ERR］如果常亮，则会有严重故障，如果是闪烁则有可能是程序的问题，在刚开始练习编程的人员一定要注意该状态指示灯。

（1）POWER 指示灯的状态指示及对应的操作流程，如图 8-1 所示。

（2）CPU［RUN］指示灯的状态及相应的处理流程，如图 8-2 所示。

（3）CPU［ERR］指示灯亮时的处理流程，如图 8-3 所示。

（4）输入 LED 灯不亮的处理流程，如图 8-4 所示。

（5）输出 LED 灯不亮的处理流程，如图 8-5 所示。

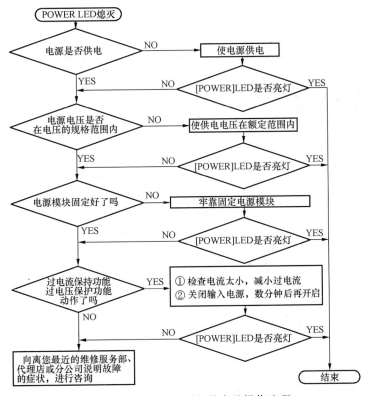

图 8-1 POWER 指示灯状态及操作流程

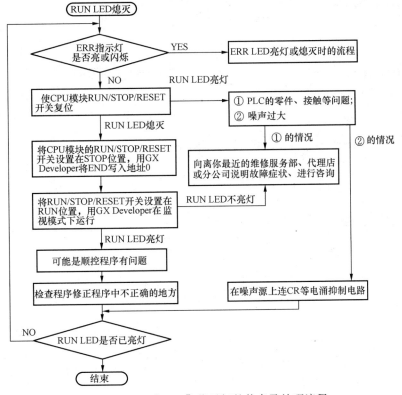

图 8-2 CPU［RUN］指示灯的状态及处理流程

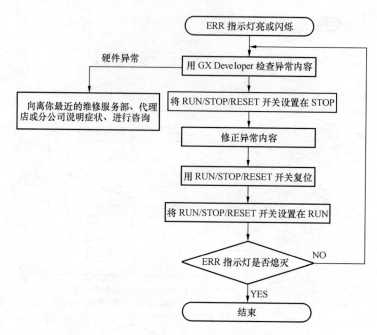

图 8-3　CPU［ERR］指示灯的状态及处理流程

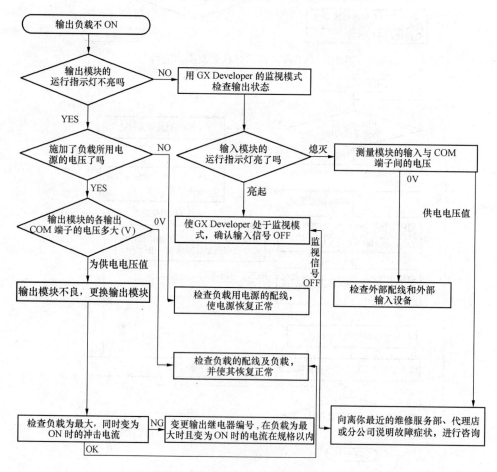

图 8-4　输入 LED 灯不亮的处理流程

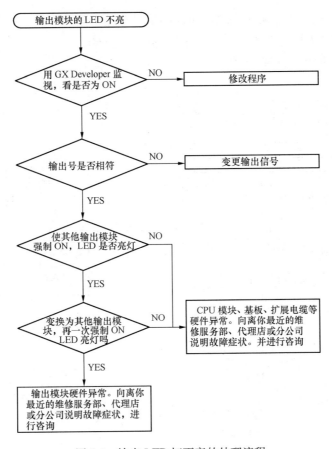

图 8-5 输出 LED 灯不亮的处理流程

（6）电池的使用寿命。PLC 型号不同，电池的使用寿命也是不同，三菱有最简单的 PLC 如：FX_{1S}，FX_{1N} 等小型可编程控制器是不用电池的。但是其他绝大部分都是用电池，其中 Q 系列和 FX 系列 PLC 的电池寿命，见表 8-4。

表 8-4   **Q 系列、FX 系列 PLC 的电池寿命**

系 列	电池寿命（合计停电时间）（h）		
	保证值（min）	实际使用值（TYP）	警告后
Q 系列	26 000	51 000	710（SM50＝ON）
FX 系列	26 000	51 000	710（＝ON）

三菱 PLC 系统通常应用的都是日本东芝电池，在未连接 CPU 状态下或连接 CPU 长时间通电情况下电池寿命为 10 年，如果一直连着 CPU，但是长时间不通电情况下则寿命就会减少很多。

如果合计停电时间超过保证值就要尽快更换电池，否则会丢失数据。

（7）更换电池的步骤。CPU 模块的电池寿命到了以后，更换电池时应注意：

1）拆下电池前，电源开启 10min 以上；

2）虽然电池被拆下后可依靠电容短时间保持存储，但如果更换所用时间超过 3min 的保证值，存储器的内容会消失，所以更换电池速度要快。

更换电池的步骤，如图 8-6 所示。

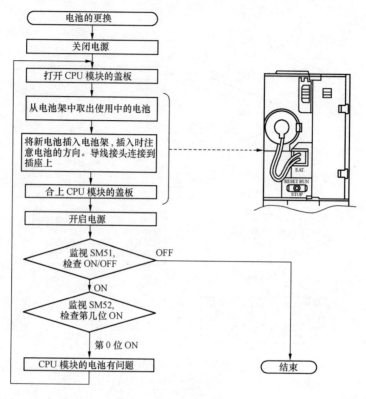

图 8-6　电池更换的步骤

二、故障诊断

故障的宏观诊断是依赖生产操作的经验，参考发生故障的现场环境，从而找到故障发生的地点和原因。可编程控制器生产商家为此提供了不少用可编程控制器本身诊断的功能，不同类型和商家的可编程控制器，方式方法不同。对于可编程控制器组成的控制系统发现或诊断其故障，大致有如下的步骤：

1. 由于使用不当引发的故障

这类故障根据使用情况，可初步判断出故障类型，发生故障的地点和原因。例如常见的使用不当引发的故障可能是供电电源错误，端子接线毛病，模块安装或连接、现场开关或人工干预的操作失误等。

2. 偶然性故障或系统长时间运行引起的故障

这种故障可能是在系统运行某种工艺、某一特定操作命令的时刻发生的。这时分析故障应是"顺藤摸瓜"。从可编程控制器系统执行该工艺流程有关的 I/O 模块、扩展链路、执行机构和电路负载入手，逐次检查和排除。当确认外部不会发生严重的破坏性动作时，可以打开可编程控制器的 I/O 地址映像表，审阅 I/O 映像结果，也可以人为在外部仿真制造输入信号，以发现是否输入错误，此操作最好断开输出执行电源。在 I/O 映像表监督下，人工的数字量输出，检查执行机构的前端继电器、接触器或大型供电设备是否能够收到执行命令。外部设备故障都排除之后，再去判断是否为中央处理器或者软件性的错误。

3. 可编程控制器本身的故障

一般可编程控制器的中央处理器模块前端，都有运行状态指示灯，大约有 RUN、STOP、BAT、FAULT、COM 等几个英文字母或者缩写字。当中央处理器指示灯在 STOP 或者 FAULT，意味着整个系统失效了。遇到这种情况，建议要断开可编程控制系统，除去中央处理器之外的全部扩展，首先确认一下可编程控制器的 CPU 模块是否能够正常而单独地运行，只要可编程控制器的 CPU 模板没有受到破坏，可以再将断开的 I/O 模块，逐次地投入。如果在投入某个机箱时就会立即引起 CPU "停机"，该路就是故障点。

其实，CPU 损坏可能性很小。在许多可编程控制器商家的 I/O 模块前端，都配有发光二极管的指示灯，当 I/O 模块本通道能够正常工作时，该指示灯会发光，这是一个十分有效而又直观的检查和发现故障的手段。该指示灯不能发光，或不能够按照要求，或不能按照实际情况而发光，那时再顺端口引出线逐点去寻找故障。如果可编程控制器系统配置有画面监视功能，许多画面的显示也是依据这个原则来提供故障参考的，例如，画面可以配成不同的颜色来表示该图形对应的设备有故障，有什么故障或故障的严重程度；有的画面可以调出故障报告列表，通过这些画面，值班人员就能及时而准确地去处理故障。

4. 可编程控制器结合软件、硬件来处理故障

建议在软件编制过程中，充分利用 PLC 的资源，编写 PLC 系统故障自诊断程序。在中央控制室操作台上配置故障报警信号，提示故障发生之处。

一个可编程控制器控制系统虽然运行发生故障，但只要中央处理器 CPU 能够运行，就可以借助其自诊断功能来判断故障。其实，可编程控制器的自诊断功能有许多支持诊断与调试，与软件编程配合使用的工具。一个可编程控制器系统，大致提供下述内容的自诊断功能：

（1）系统状态字和控制字。一般的可编程控制器在使用编程软件或在用户软件中可以读取和在屏幕上显示出可编程控制器系统的状态字或控制字。状态字用于显示系统的各个部分的工作状态，一般地一个字对应一个设备，在状态字中可能存放的内容，包括算术运算的标志，它们是进位、溢出、零符号，这些状态字是在 CPU 执行某些能够产生算术符号的指令后产生的，从此状态字可能看出硬件和软件安排是否合理；状态字的另一个用处是可显示 I/O 地址、扩展机架是否在使用或发生故障，这组状态字可能分析出在哪个地址号、哪个机架、哪个槽位、甚至哪一个 I/O 点有故障。要学会使用这几个状态字需要与可编程控制硬件、I/O 配置一一对应的查阅。状态字中还有可能包括本地及远程 I/O 站的通信活动表，用它来反映可编程控制器的 CPU 至各个 I/O 站是否正常

工作，还包括在配置和实际使用I/O站时是否合理与正常，例如原配有几个I/O站，但是在工作过程中，某个I/O站停电，从状态字上立即反映出来这一停电故障发生在哪里。状态字还包括可编程控制的日历时钟，可编程控制器的用户软件扫描时间统计、中断设置与处理、有的还包括PID调节运算的某些参数，通过状态字可以在调试阶段，帮助查找软件试用中的一些错误；帮助查找在调试完成后，某些未被发现的错误；帮助查找因为软件编程和调试阶段输入与输出未发生预计状态而被忽略掉的错误。伴随着可编程控制器中央处理器性能的提高，可编程控制器能提供的状态字越多，可编程控制自诊断能力越强。可编程控制器的控制字一般是与操作的具体执行有关系的，一般地也是一个字对应某种操作。例如，中断、PID调节，常常提供一些控制字作为运行和故障的判断。

　　（2）利用可编程控制器的中断或堆栈。这是可编程控制运行中的两个数据存储区，它们要在系统自诊断软件作用下，自动形成和调用显示。经验丰富的软件编制者，可以利用堆栈中某些数据，编写软件处理故障程序，例如打印与记录故障。

　　（3）利用可编程控制器的编程器诊断故障。可编程控制器的编程器与编程软件提供了一部分调试与诊断功能，它们有各种程序比较、程序自身校验、内存比较、系统参数修改、运行状态测试、输入状态测试和显示、输出状态的强制与仿真等，使用这些功能，可以在用户软件测试调试和试运行时发现错误和某些故障。

三、故障诊断及排除的基本方法

　　发生故障时，如何能迅速采取措施是十分重要的。要迅速对系统采取措施，就要找到故障发生的原因并加以处理。在实施故障的诊断及排除时必须注意的基本事项有以下三条内容。

　　1. 目视检查

　　目视检查一般检查以下项目：

　　（1）机械的工作状态（停止状态、动作状态）；

　　（2）有无电源；

　　（3）输入、输出设备的状态；

　　（4）电源模块、CPU模块、I/O［输入/输出模块］、智能模块和扩展模块的安装状态；

　　（5）配线的状态（输入/输出配线、电缆线）；

　　（6）各种显示器的显示状态（POWER、RUN、ERR、输入/输出等的LED显示灯）；

　　（7）各种开关的开关设置状态（如扩展基板的扩展级别，RUN/STOP的位置）。

　　对以上7项进行检查后，连接编程软件，利用编程软件观察可编程控制器的运行状态和程序的内容。

　　2. 检查故障

　　通过如下操作观看故障是如何变化的。

（1）将 RUN/STOP 开关设置在停止 STOP 状态；

（2）用 RESET 复位开关；

（3）ON 后再关闭电源；

3．缩小范围

根据上述 1、2 的判断，从下面三种故障中，推断出具体的故障：

（1）是可编程控制器故障还是外部环境故障；

（2）是输入/输出模块故障还是其他故障；

（3）是顺控程序故障还是其他故障。

四、故障诊断及排除流程

故障诊断及排除流程，如图 8-7 所示。

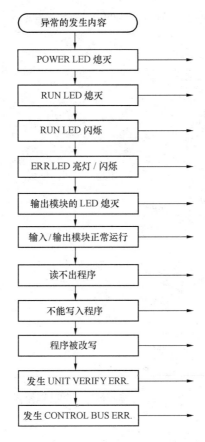

图 8-7 故障诊断及排除流程

不能写入程序时的处理流程，如图 8-8 所示。

不能与编程软件通信时的处理流程，如图 8-9 所示。

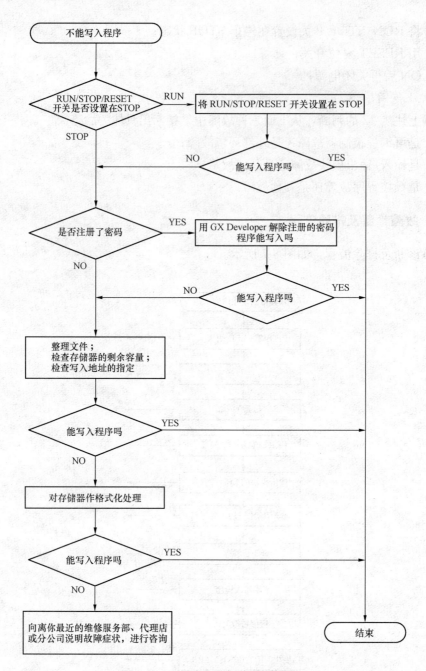

图 8-8　不能写入程序时的处理流程

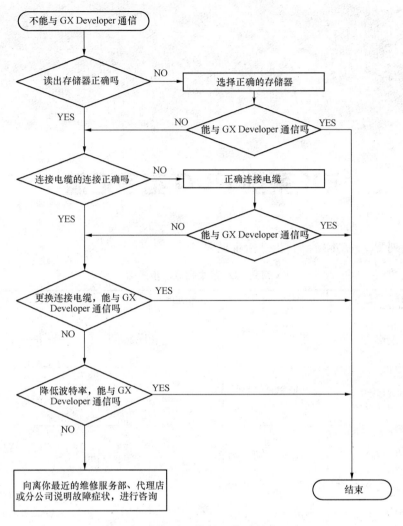

图 8-9 不能与编程软件通信时的处理流程

FX 系列 PLC 指令汇总

FX 系列 PLC 基本指令、步进指令见表 A-1。

表 A-1　　　　　　　　　　**FX 系列 PLC 基本指令、步进指令**

类型	指令助记符	功　能	操作元件	梯形图形式
触点指令	LD（取）	动合触点运算开始	X、Y、M、S、T、C	X0 ─┤├─ Y0 ─○─
	LDI（取反）	动断触点运算开始		X0 ─┤/├─ Y0 ─○─
	AND（与）	动合触点串联		X0 X1 ─┤├──┤├─ Y0 ─○─
	ANI（与非）	动断触点串联		X0 X1 ─┤├──┤/├─ Y0 ─○─
	OR（或）	动合触点并联		X0 X1 ─┤├──┤/├─ Y0 ─○─ Y0 ─┤├─
	ORI（或非）	动断触点并联		X0 ─┤├─ Y0 ─○─ X2 ─┤/├─
	LDP（取上升沿脉冲）	上升沿触点运算开始		X0 ─┤↑├─ Y0 ─○─
	LDF（取下降沿脉冲）	下降沿触点运算开始		X0 ─┤↓├─ Y0 ─○─

142

续表

类型	指令助记符	功能	操作元件	梯形图形式
连接指令	ANB（块与）	将电路块与前一个电路串联	无	（梯形图：X0 X1 Y0 / X2 X3）
	ORB（块或）	将电路块与前一个电路并联		（梯形图：X0 X1 Y0 / X2 X3）
	MPS（进栈）	将逻辑运算结果压入堆栈的第一层		（梯形图：X0 MPS X1 Y0 / MRD X3 Y1 / MPP X2 Y2）
	MRD（读栈）	读出栈顶数据		
	MPP（出栈）	堆栈内各层数据依次向上一层栈单元传送		
输出指令	OUT（输出）	驱动线圈输出	Y、M、S、T、C	（梯形图：X0 Y0）
	SET（置位）	使目标元件置位并保持	Y、M、S	（梯形图：X0 SET T0）
	RST（复位）	使目标元件复位并保持	Y、M、S、T、C、D	（梯形图：X1 RST T0）
	PLS（上升沿微分指令）	在输入信号的上升沿输出一个扫描周期的脉冲	Y、M	（梯形图：X0 PLS M0）
	PLF（下降沿微分指令）	在输入信号的下降沿输出一个扫描周期的脉冲	Y、M	（梯形图：X1 PLF M1）
其他指令	NOP（空操作）	不执行操作，但占一个程序步	无	
	END（程序结束）	程序结束		
	INV（反指令）	将原来的运算结果取反		（梯形图：X0 INV Y0）

续表

类型	指令助记符	功 能	操作元件	梯形图形式
步进指令	STL（步进开始）	取与主母线相连的步进触点	S	
	RET（步进返回）	状态流程结束，返回主母线	无	

FX 系列 PLC 功能指令见表 A-2。

表 A-2　　　　　　　　　　FX 系列 PLC 功能指令一览表

分类	FNC NO.	指令助记符	功能说明	对应不同型号的PLC				
				FX₀S	FX₀N	FX₁S	FX₁N	FX₂N FX₂NC
程序流程	00	CJ	条件跳转	√	√	√	√	√
	01	CALL	子程序调用	×	×	√	√	√
	02	SRET	子程序返回	×	×	√	√	√
	03	IRET	中断返回	√	√	√	√	√
	04	EI	开中断	√	√	√	√	√
	05	DI	关中断	√	√	√	√	√
	06	FEND	主程序结束	√	√	√	√	√
	07	WDT	监视定时器刷新	√	√	√	√	√
	08	FOR	循环的起点与次数	√	√	√	√	√
	09	NEXT	循环的终点	√	√	√	√	√
传送与比较	10	CMP	比较	√	√	√	√	√
	11	ZCP	区间比较	√	√	√	√	√
	12	MOV	传送	√	√	√	√	√
	13	SMOV	位传送	×	×	×	×	√
	14	CML	取反传送	×	×	×	×	√
	15	BMOV	成批传送	×	√	√	√	√
	16	FMOV	多点传送	×	×	×	×	√
	17	XCH	交换	×	×	×	×	√
	18	BCD	二进制转换成 BCD 码	√	√	√	√	√
	19	BIN	BCD 码转换成二进制	√	√	√	√	√
算术与逻辑运算	20	ADD	二进制加法运算	√	√	√	√	√
	21	SUB	二进制减法运算	√	√	√	√	√
	22	MUL	二进制乘法运算	√	√	√	√	√
	23	DIV	二进制除法运算	√	√	√	√	√
	24	INC	二进制加 1 运算	√	√	√	√	√
	25	DEC	二进制减 1 运算	√	√	√	√	√
	26	WAND	字逻辑与	√	√	√	√	√
	27	WOR	字逻辑或	√	√	√	√	√
	28	WXOR	字逻辑异或	√	√	√	√	√
	29	NEG	求二进制补码	×	×	×	×	√

续表

分类	FNC NO.	指令助记符	功能说明	对应不同型号的PLC				
				FX_{0S}	FX_{0N}	FX_{1S}	FX_{1N}	FX_{2N} FX_{2NC}
循环与移位	30	ROR	循环右移	×	×	×	×	√
	31	ROL	循环左移	×	×	×	×	√
	32	RCR	带进位右移	×	×	×	×	√
	33	RCL	带进位左移	×	×	×	×	√
	34	SFTR	位右移	√	√	√	√	√
	35	SFTL	位左移	√	√	√	√	√
	36	WSFR	字右移	×	×	×	×	√
	37	WSFL	字左移	×	×	×	×	√
	38	SFWR	FIFO（先入先出）写入	×	×	√	√	√
	39	SFRD	FIFO（先入先出）读出	×	×	√	√	√
数据处理	40	ZRST	区间复位	√	√	√	√	√
	41	DECO	解码	√	√	√	√	√
	42	ENCO	编码	√	√	√	√	√
	43	SUM	统计ON位数	×	×	×	×	√
	44	BON	查询位某状态	×	×	×	×	√
	45	MEAN	求平均值	×	×	×	×	√
	46	ANS	报警器置位	×	×	×	×	√
	47	ANR	报警器复位	×	×	×	×	√
	48	SQR	求平方根	×	×	×	×	√
	49	FLT	整数与浮点数转换	×	×	×	×	√
高速处理	50	REF	输入/输出刷新	√	√	√	√	√
	51	REFF	输入滤波时间调整	×	×	×	×	√
	52	MTR	矩阵输入	×	×	√	√	√
	53	HSCS	比较置位（高速计数用）	×	√	√	√	√
	54	HSCR	比较复位（高速计数用）	×	√	√	√	√
	55	HSZ	区间比较（高速计数用）	×	×	×	×	√
	56	SPD	脉冲密度	×	×	×	√	√
	57	PLSY	指定频率脉冲输出	√	√	√	√	√
	58	PWM	脉宽调制输出	√	√	√	√	√
	59	PLSR	带加减速脉冲输出	×	×	×	√	√
方便指令	60	IST	状态初始化	√	√	√	√	√
	61	SER	数据查找	×	×	×	×	√
	62	ABSD	凸轮控制（绝对式）	×	×	×	√	√
	63	INCD	凸轮控制（增量式）	×	×	×	√	√
	64	TTMR	示教定时器	×	×	×	×	√
	65	STMR	特殊定时器	×	×	×	×	√
	66	ALT	交替输出	√	√	√	√	√
	67	RAMP	斜波信号	√	√	√	√	√
	68	ROTC	旋转工作台控制	×	×	×	×	√
	69	SORT	列表数据排序	×	×	×	×	√

续表

分类	FNC NO.	指令助记符	功能说明	对应不同型号的 PLC				
				FX0S	FX0N	FX1S	FX1N	FX2N FX2NC
外部I/O设备	70	TKY	10 键输入	×	×	×	×	√
	71	HKY	16 键输入	×	×	×	×	√
	72	DSW	BCD 数字开关输入	×	×	√	√	√
	73	SEGD	七段码译码	×	×	×	×	√
	74	SEGL	七段码分时显示	×	×	√	√	√
	75	ARWS	方向开关	×	×	×	×	√
	76	ASC	ASCI 码转换	×	×	×	×	√
	77	PR	ASCI 码打印输出	×	×	×	×	√
	78	FROM	BFM 读出	×	√	×	√	√
	79	TO	BFM 写入	×	√	×	√	√
外围设备	80	RS	串行数据传送	×	√	√	√	√
	81	PRUN	八进制位传送（♯）	×	√	×	√	√
	82	ASCI	十六进制数转换成 ASCII 码	×	√	√	√	√
	83	HEX	ASCII 码转换成十六进制数	×	√	√	√	√
	84	CCD	校验	×	√	√	√	√
	85	VRRD	电位器变量输入	×	√	√	√	√
	86	VRSC	电位器变量区间	×	√	√	√	√
	87	—	—					
	88	PID	PID 运算	×	×	√	√	√
	89	—	—					
浮点数运算	110	ECMP	二进制浮点数比较	×	×	×	×	√
	111	EZCP	二进制浮点数区间比较	×	×	×	×	√
	118	EBCD	二进制浮点数转换为十进制浮点数	×	×	×	×	√
	119	EBIN	十进制浮点数转换为二进制浮点数	×	×	×	×	√
	120	EADD	二进制浮点数加法	×	×	×	×	√
	121	EUSB	二进制浮点数减法	×	×	×	×	√
	122	EMUL	二进制浮点数乘法	×	×	×	×	√
	123	EDIV	二进制浮点数除法	×	×	×	×	√
	127	ESQR	二进制浮点数开平方	×	×	×	×	√
	129	INT	二进制浮点数转换为二进制整数	×	×	×	×	√
	130	SIN	二进制浮点数正弦运算	×	×	×	×	√
	131	COS	二进制浮点数余弦运算	×	×	×	×	√
	132	TAN	二进制浮点数正切运算	×	×	×	×	√
	147	SWAP	高低字节交换	×	×	×	×	√
定位	155	ABS	ABS 当前值读取	×	×	×	√	×
	156	ZRN	原点回归	×	×	√	√	×
	157	PLSY	可变速的脉冲输出	×	×	×	√	×
	158	DRVI	相对位置控制	×	×	√	√	×
	159	DRVA	绝对位置控制	×	×	√	√	×

续表

分类	FNC NO.	指令助记符	功能说明	对应不同型号的PLC				
				FX$_{0S}$	FX$_{0N}$	FX$_{1S}$	FX$_{1N}$	FX$_{2N}$ FX$_{2NC}$
时钟运算	160	TCMP	时钟数据比较	×	×	√	√	√
	161	TZCP	时钟数据区间比较	×	×	√	√	√
	162	TADD	时钟数据加法	×	×	√	√	√
	163	TSUB	时钟数据减法	×	×	√	√	√
	166	TRD	时钟数据读出	×	×	√	√	√
	167	TWR	时钟数据写入	×	×	√	√	√
	169	HOUR	计时仪	×	×	√	√	√
外围设备	170	GRY	二进制数转换为格雷码	×	×	×	×	√
	171	GBIN	格雷码转换为二进制数	×	×	×	×	√
	176	RD3A	模拟量模块（FX$_{0N}$-3A）读出	×	√	×	√	×
	177	WR3A	模拟量模块（FX$_{0N}$-3A）写入	×	√	×	√	×
触点比较	224	LD=	(S1)=(S2) 时起始触点接通	×	×	√	√	√
	225	LD>	(S1)>(S2) 时起始触点接通	×	×	√	√	√
	226	LD<	(S1)<(S2) 时起始触点接通	×	×	√	√	√
	228	LD<>	(S1)<>(S2) 时起始触点接通	×	×	√	√	√
	229	LD≤	(S1)≤(S2) 时起始触点接通	×	×	√	√	√
	230	LD≥	(S1)≥(S2) 时起始触点接通	×	×	√	√	√
	232	AND=	(S1)=(S2) 时串联触点接通	×	×	√	√	√
	233	AND>	(S1)>(S2) 时串联触点接通	×	×	√	√	√
	234	AND<	(S1)<(S2) 时串联触点接通	×	×	√	√	√
	236	AND<>	(S1)<>(S2) 时串联触点接通	×	×	√	√	√
	237	AND≤	(S1)≤(S2) 时串联触点接通	×	×	√	√	√
	238	AND≥	(S1)≥(S2) 时串联触点接通	×	×	√	√	√
	240	OR=	(S1)=(S2) 时并联触点接通	×	×	√	√	√
	241	OR>	(S1)>(S2) 时并联触点接通	×	×	√	√	√
	242	OR<	(S1)<(S2) 时并联触点接通	×	×	√	√	√
	244	OR<>	(S1)<>(S2) 时并联触点接通	×	×	√	√	√
	245	OR≤	(S1)≤(S2) 时并联触点接通	×	×	√	√	√
	246	OR≥	(S1)≥(S2) 时并联触点接通	×	×	√	√	√

 三菱PLC控制技术应用

FX 系列 PLC 性能规格

FX 系列 PLC 交流电源、24V 直流输入型种类见表 B-1。

表 B-1　　　　　　　　　　　**FX₁s 系列 PLC 交流电源、24V 直流输入型种类**

模　型	I/O 总点数	输　入		输　出		尺寸 (宽/mm)×(厚/mm)×(高/mm)
		数目	类型	数目	类型	
FX₁s-10MR-001		6	漏型	4	继电器	60×75×90(2.4×3.0×3.5)
FX₁s-10MT	10				晶体管	
FX₁s-14MR-001	14	8	漏型	6	继电器	60×75×90(2.4×3.0×3.5)
FX₁s-14MT					晶体管	
FX₁s-20MR-001	20	12	漏型	8	继电器	75×75×90(3.0×3.0×3.5)
FX₁s-20MT					晶体管	
FX₁s-30MR-001	30	16	漏型	14	继电器	100×75×90(3.0×3.0×3.5)
FX₁s-30MT					晶体管	

FX₁s 系列 PLC 24V 直流电源、24V 直流输入型种类见表 B-2。

表 B-2　　　　　　　　　**FX₁s 系列 PLC 24V 直流电源、24V 直流输入型种类**

模　型	I/O 总点数	输　入		输　出		尺寸 (宽/mm)×(厚/mm)×(高/mm)
		数目	类型	数目	类型	
FX₁s-10MR-D		6	漏型	4	继电器	60×49×90(2.4×1.9×3.5)
FX₁s-10MT-D	10				晶体管	
FX₁s-14MR-D	14	8	漏型	6	继电器	60×49×90(2.4×1.9×3.5)
FX₁s-14MT-D					晶体管	
FX₁s-20MR-D	20	12	漏型	8	继电器	75×49×90(3.0×1.9×3.5)
FX₁s-20MT-D					晶体管	
FX₁s-30MR-D	30	16	漏型	14	继电器	100×49×90(3.0×1.9×3.5)
FX₁s-30MT-D					晶体管	

FX₁s 系列 PLC 性能规格见表 B-3。

表 B-3   **FX₁S系列 PLC 性能规格**

项 目		规 格	备 注
运转控制方法		通过储存的程序周期运转	
I/O 控制方法		批次处理方法（当执行 END 指令时）	I/O 指令可以刷新
运转处理时间		基本指令：$0.55 \sim 0.7 \mu s$；应用指令：$3.7 \mu s$ 至几百微秒	
编程语言		逻辑梯形图和指令清单	使用步进梯形图能生成 SFC 类型程序
程序容量		内置 2K 步 $E^2 PROM$	存储盒（FX₁N-E^2PROM-8L）可选
指令数目		基本顺序指令：27；步进梯形指令：2；应用指令：85	最大可用 167 条应用指令，包括所有的变化
I/O 配置		最大总 I/O 由主处理单元设置	
辅助继电器（M 线圈）	一般	384 点	M0～M383
	锁定	128 点（子系统）	M384～M511
	特殊	256 点	M8000～M8255
状态继电器（S 线圈）	一般	128 点	S0～S127
	初始	10 点（子系统）	S0～S9
定时器（T）	100ms	范围：0～3276.7s 63 点	T0～T55
	10ms	范围：0～327.67s 31 点	当特殊 M 线圈工作时 T32～T62
	1ms	范围：0～32.767s 1 点	T63
计数器（C）	一般	范围：1～32 767 16 点	C0～C15 类型：16 位增计数器
	锁定	范围：1～32 767 16 点	C16～C31 类型：16 位增计数器
高速计数器（C）	单相	范围：−2 147 483 648～2 147 483 647	C235～C238 4 点（注意 C235 被锁定）
	单相带启动/复位起始停止输入		C241（锁定）、C242 和 C244（锁定）3 点
	双相		
	A/B 相		C251、C252 和 C254（都锁定）
数据寄存器（D）	一般	128 点	D0～D127 类型：32 位元件的 16 位数据存储寄存器对
	锁定	128 点	D128～D255 类型：32 位元件的 16 位数据存储寄存器对
	外部调节	范围：0～255 2 点	通过外部设置电位计间接输入 D8013 或 D8030&D8031 数据
	特殊	256 点（包含 D8030，D8031）	D8000～D8255 类型：16 位数据存储寄存器
	变址	16 点	V 和 Z 类型：16 位数据存储寄存器

项 目		规 格	备 注
指针（P）	用于 CALL	64 点	P0～P63
	用于中断	6 点	100□～150□ （I 后第 1 位数字与输入 X0～X5 对应，□内的内容为 0 表示输入为下降沿中断，为 1 表示输入为上升沿中断。如 I101 表示 X1 的上升沿开中断，执行中断程序）
嵌套层次（N）		用于 MC 和 MCR 时 8 点	N0～N7
常数	十进制 K	16 位：-32 768～+32 768； 32 位：-2 147 483 648～ +2 147 483 647	
	十六进制 H	16 位：0000～FFFF； 32 位：00 000 000～FF FFF FFF	

FX$_{1N}$系列 PLC 24V 交流电源、24V 直流输入型种类见表 B-4。

表 B-4　　　　　**FX$_{1N}$系列 PLC 24V 交流电源、24V 直流输入型种类**

模 型	I/O 总点数	输 入		输 出		尺寸 （宽/mm）×（厚/mm）×（高/mm）
		数目	类型	数目	类型	
FX$_{1N}$-14MR-001	14	8	漏型	6	继电器	90×75×90(3.6×3.0×3.5)
FX$_{1N}$-24MR-001	24	14	漏型	10	继电器	90×75×90(3.6×3.0×3.5)
FX$_{1N}$-24MT					晶体管	
FX$_{1N}$-40MR-001	40	24	漏型	16	继电器	130×75×90(5.2×3.0×3.5)
FX$_{1N}$-40MT					晶体管	
FX$_{1N}$-60MR-001	60	36	漏型	24	继电器	175×75×90(7.0×3.0×3.5)
FX$_{1N}$-60MT					晶体管	

FX$_{1N}$系列 PLC 12V、24V 交流电源、24V 直流输入型种类见表 B-5。

表 B-5　　　　　**FX$_{1N}$系列 PLC 12V、24V 交流电源、24V 直流输入型种类**

模 型	I/O 总点数	输 入		输 出		尺寸 （宽/mm）×（厚/mm）×（高/mm）
		数目	类型	数目	类型	
FX$_{1N}$-24MR-D	24	14	漏型	10	继电器	90×75×90(3.6×3.0×3.5)
FX$_{1N}$-24MT-D					晶体管	
FX$_{1N}$-40MR-D	40	24	漏型	16	继电器	130×75×90(5.2×3.0×3.5)
FX$_{1N}$-40MT-D					晶体管	
FX$_{1N}$-60MR-D	60	36	漏型	24	继电器	175×75×90(7.0×3.0×3.5)
FX$_{1N}$-60MT-D					晶体管	

FX$_{1N}$系列 PLC 性能规格见表 B-6。

表 B-6 　　　　　　　　　　　**FX₁N 系列 PLC 性能规格**

项　目		规　格	备　注
运转控制方法		通过储存的程序周期运转	
I/O 控制方法		批次处理方法（当执行 END 指令时）	I/O 指令可以刷新
运转处理时间		基本指令：0.55～0.7μs； 应用指令：3.7μs 至几百微秒	
编程语言		逻辑梯形图和指令清单	使用步进梯形图能生成 SFC 类型程序
程序容量		内置 8K 步 E²PROM	存储盒（FX₁N-E²PROM-8L）可选
指令数目		基本顺序指令：27； 步进梯形指令：2； 应用指令：89	最大可用 177 条应用指令，包括所有的变化
I/O 配置		最大硬件 I/O 配置 128 点，依赖于用户选择	
辅助继电器 （M 线圈）	一般	384 点	M0～M383
	锁定	1152 点（子系统）	M384～M1535
	特殊	256 点	M8000～M8255
状态继电器 （S 线圈）	一般	1000 点	S0～S999
	初始	10 点（子系统）	S0～S9
定时器（T）	100ms	范围：0～3276.7s　200 点	T0～T199
	10ms	范围：0～327.67s　46 点	T200～T245
	1ms	范围：0～32.767s　4 点	T246～T249
	100ms 积算	范围：0～3276.7s　6 点	T250～T255
计数器（C）	一般 16 位	范围：0～32 767　16 点	C0～C15 类型：16 位增计数器
	锁定 16 位	184 点（子系统）	C16～C199 类型：16 位增计数器
	一般 32 位	范围：1～32 767　20 点	C200～C219 类型：32 位双向计数器
	锁定 32 位	15 点（子系统）	C220～C234 类型：32 位双向计数器
高速计数器 （C）	单相	范围：－2 147 483 648～2 147 483 647； 选择多达 4 个单相计数器，组合计数频率不大于 5kHz。或选择一个双相或 A/B 相计数器，组合计数频率不大于 2kHz。（注意所有计数器都锁定）	C235～C238　4 点
	单相带启动/复位起始停止输入		C241、C242 和 C244　3 点
	双相		C246、C247 和 C249　3 点
	A/B 相		C251、C252 和 C254　3 点
数据寄存器 （D）	一般	128 点	D0～D127 类型：32 位元件的 16 位数据存储寄存器对
	锁定	7872 点	D128～D7999 类型：32 位元件的 16 位数据存储寄存器对

续表

项 目		规 格	备 注
数据寄存器 (D)	外部调节	范围：0~255　2点	数据从外部设置电位器移到寄存器 D8030 和 D8031
	特殊	256 点（包含 D8013、D8030T 和 D8031）	D8000~D8255 类型：16 位数据存储寄存器
	变址	16 点	V 和 Z 类型：16 位数据存储寄存器
指针 (P)	用于 CALL	128 点	P0~P127
	用于中断	6 点	100□~150□ （I 后第 1 位数字与输入 X0~X5 对应，□内的内容为 0 表示输入为下降沿中断，为 1 表示输入为上升沿中断。如 I101 表示 X1 的上升沿开中断，执行中断程序）
嵌套层次（N）		用于 MC 和 MCR 时 8 点	N0~N7
常数	十进制 K	16 位：-32 768~+32 768； 32 位：-2 147 483 648~ +2 147 483 647	
	十六进制 H	16 位：0000~FFFF； 32 位：00 000 000~FF FFF FFF	

FX$_{2N}$ 系列 PLC 交流电源、24V 直流输入型种类见表 B-7。

表 B-7　　　　　　　FX$_{2N}$ 系列 PLC 交流电源、24V 直流输入型种类

模 型	I/O 总点数	输　入		输　出		尺寸 (宽/mm)×(厚/mm)×(高/mm)
		数目	类型	数目	类型	
FX$_{2N}$-16MR-001	16	8	漏型	8	继电器	130×87×90(5.12×3.4×3.5)
FX$_{2N}$-16MT					晶体管	
FX$_{2N}$-32MR-001	32	16	漏型	16	继电器	150×87×90(5.9×3.4×3.5)
FX$_{2N}$-32MT					晶体管	
FX$_{2N}$-48MR-001	48	24	漏型	24	继电器	182×87×90(7.2×3.4×3.5)
FX$_{2N}$-48MT					晶体管	
FX$_{2N}$-64MR-001	64	32	漏型	32	继电器	220×87×90(8.7×3.4×3.5)
FX2N-64MT					晶体管	
FX$_{2N}$-80MR-001	80	40	漏型	40	继电器	285×87×90(11.2×3.4×3.5)
FX$_{2N}$-80MT					晶体管	
FX$_{2N}$-128MR-001	128	64	漏型	64	继电器	350×87×90(13.8×3.4×3.5)
FX$_{2N}$-128MT					晶体管	

FX$_{2N}$ 系列 PLC 24V 直流电源、24V 直流输入型种类见表 B-8。

表 B-8 **FX$_{2N}$ 系列 PLC 24V 直流电源、24V 直流输入型种类**

模 型	I/O 总点数	输 入		输 出		尺寸 (宽/mm)×(厚/mm)×(高/mm)
		数目	类型	数目	类型	
FX$_{2N}$-32MR-D	32	16	漏型	16	继电器	150×87×90(5.9×3.4×3.5)
FX$_{2N}$-32MT-D					晶体管	
FX$_{2N}$-48MR-D	48	24	漏型	24	继电器	182×87×90(7.2×3.4×3.5)
FX$_{2N}$-48MT-D					晶体管	
FX$_{2N}$-64MR-D	64	32	漏型	32	继电器	220×87×90(8.7×3.4×3.5)
FX$_{2N}$-64MT-D					晶体管	
FX$_{2N}$-80MR-D	80	40	漏型	40	继电器	285×87×90(11.2×3.4×3.5)
FX$_{2N}$-80MT-D					晶体管	

FX$_{2N}$ 系列 PLC 性能规格见表 B-9。

表 B-9 **FX$_{2N}$ 系列 PLC 性能规格**

项 目		规 格	备 注
运转控制方法		通过储存的程序周期运转	
I/O 控制方法		批次处理方法（当执行 END 指令时）	I/O 指令可以刷新
运转处理时间		基本指令：0.08μs； 应用指令：1.52μs 至几百微秒	
编程语言		逻辑梯形图和指令清单	使用步进梯形图能生成 SFC 类型程序
程序容量		8000 步内置	使用附加寄存器盒可扩展到 16 000 步
指令数目		基本顺序指令：27； 步进梯形指令：2； 应用指令：128	最大可用 298 条应用指令
I/O 配置		最大硬件 I/O 配置 256 点，依赖于用户的选择	
辅助继电器（M 线圈）	一般	500 点	M0～M499
	锁定	2572 点	M500～M3071
	特殊	256 点	M8000～M8255
状态继电器（S 线圈）	一般	490 点	S10～S499
	锁定	400 点	S500～S899
	初始	10 点	S0～S9
	信号报警器	100 点	S900～S999
定时器（T）	100ms	范围：0～3276.7s　200 点	T0～T199
	10ms	范围：0～327.67s　46 点	T200～T245
	1ms 保持型	范围：0～32.767s　4 点	T246～T249
	100ms 保持型	范围：0～3276.7s　6 点	T250～T255

项 目		规 格	备 注
计数器（C）	一般 16 位	范围：0～32 767　100 点	C0～C99 类型：16 位增计数器
	锁定 16 位	100 点（子系统）	C100～C199 类型：16 位增计数器
	锁定 32 位	范围：－2 147 483 648～ 2 147 483 647　20 点	C200～C219 类型：32 位增/减计数器
	特殊用 32 位	15 点	C220～C234 类型：32 位增/减计数器
高速计数器（C）	单相	范围：－2 147 483 648～ 2 147 483 647； 一般规则：选择组合计数器频率 不大于 20kHz 的计数器组合； 注意所有的计数器都锁定	C235～C240　6 点
	单相带启动/复位 起始停止输入		C241～C245　5 点
	双相		C246～C250　5 点
	A/B 相		C251～C255　5 点
数据寄存器（D）	一般	200 点	D0～D199 类型：32 位元件的 16 位数据存储寄存器对
	锁定	7800 点	D200～D7999 类型：32 位元件的 16 位数据存储寄存器对
	文件寄存器	7000 点	D1000～D7999 通过 14 块 500 程序步的参数设置 类型：16 位数据存储寄存器
	特殊	256 点	D8000～D8255 类型：16 位数据存储寄存器
	变址	16 点	V0～V7 和 Z0～Z7 类型：16 位数据存储寄存器
指针（P）	用于 CALL	128 点	P0～P127
	用于中断	6 输入点、3 定时器、6 计数器	100□～150□、16□□～18□□、 1010～1060 （在定时器指针名称的□□部分，输入 10～99 的整数，表示时间。如 1610 为每 10ms 执行 1 次定时器中断。）
嵌套层次（N）		用于 MC 和 MCR 时 8 点	N0～N7
常数	十进制 K	16 位：－32 768～+32 767 32 位：－2 147 483 648～ +2 147 483 647	
	十六进制 H	16 位：0000～FFFF 32 位：00 000 000～FF FFF FFF	
	浮点	32 位：$\pm 1.175 \times 10^{-38}$， $\pm 3.403 \times 10^{+38}$，（不能直接输入）	

FX_{2NC}系列 PLC 24V 直流电源、24V 直流输入型种类见表 B-10。

表 B-10   **FX_{2NC}系列 PLC 24V 直流电源、24V 直流输入型种类**

模 型	I/O 总点数	输 入		输 出		尺寸 (宽/mm)×(厚/mm)×(高/mm)
		数目	类型	数目	类型	
FX_{2NC}-16MR-T	16	8	漏型	8	继电器	35×89×90(1.4×3.5×3.5)
FX_{2NC}-16MT	16	8	漏型	8	晶体管	35×87×90(1.4×3.4×3.5)
FX_{2NC}-32MT	32	16	漏型	16	晶体管	35×87×90(1.4×3.4×3.5)
FX_{2NC}-64MT	64	32	漏型	32	晶体管	60×87×90(2.4×3.4×3.5)
FX_{2NC}-96MT	96	48	漏型	48	晶体管	86×87×90(3.4×3.4×3.5)

FX_{2NC}系列 PLC 性能规格见表 B-11。

表 B-11   **FX_{2NC}系列 PLC 性能规格**

项 目		规 格	备 注
运转控制方法		通过储存的程序周期运转	
I/O 控制方法		批次处理方法（当执行 END 指令时）	I/O 指令可以刷新
运转处理时间		基本指令：0.08μs； 应用指令：1.52μs 至几百微秒	
编程语言		逻辑梯形图和指令清单	使用步进梯形图能生成 SFC 类型程序
程序容量		内置 8000 步 RAM；最大 16K 步	可安装 RAM、EPROM、E²PROM 存储盒
指令数目		基本顺序指令：27； 步进梯形指令：2； 应用指令：128	最大可用 298 条应用指令
I/O 配置		最大硬件 I/O 配置 256 点，依赖于用户的选择	
辅助继电器（M 线圈）	一般	500 点	M0～M499
	锁定	2572 点	M500～M3071
	特殊	256 点	M8000～M8255
状态继电器（S 线圈）	一般	490 点	S10～S499
	锁定	500 点	S500～S999
	初始	10 点	S0～S9
	信号报警器	100 点	S900～S999
定时器（T）	100ms	范围：0～3276.7s　200 点	T0～T199
	10ms	范围：0～327.67s　46 点	T200～T245
	1ms 积算	范围：0.001～32.767s　4 点	T246～T249
	100ms 积算	范围：0～3276.7s　6 点	T250～T255
计数器（C）	一般 16 位	范围：0～32 767　100 点	C0～C99 类型：16 位增计数器
	锁定 16 位	100 点（子系统）	C100～C199 类型：16 位增计数器

续表

项 目		规 格	备 注
计数器（C）	锁定 32 位	范围：−2 147 483 648～ 2 147 483 647 20 点	C200～C219 类型：32 位增/减计数器
	特殊用 32 位	15 点（子系统）	C220～C234 类型：32 位增/减计数器
高速计数器 （C）	单相	范围：−2 147 483 648～ 2 147 483 647 一般规则：选择组合计数频率不 大于 20kHz 的计数器组合 注意所有的计数器都锁定	C235～C240 6 点
	单相带启动/复位 起始停止输入		C241～C245 5 点
	双相		C246～C250 5 点
	A/B 相		C251～C255 5 点
数据寄存器 （D）	一般	200 点	D0～D199 类型：32 位元件的 16 位数据存储寄 存器对
	锁定	7800 点（子系统）	D200～D7999 类型：32 位元件的 16 位数据存储寄 存器对
	文件寄存器	7000 点	D1000～D7999 通过 14 块 500 程序步的参数设置 类型：16 位数据存储寄存器
	特殊	256 点	D8000～D8255 类型：16 位数据存储寄存器
	变址	16 点	V0～V7 和 Z0～Z7 类型：16 位数据存储寄存器
指针（P）	用于 CALL	128 点	P0～P127
	用于中断	6 输入点、3 定时器、6 计数器	100□～150□、16□□～18□□、 1010～1060 （在定时器中断指针名称的□□部 分，输入 10～99 的整数，表示时间。 如 I610 为每 10ms 执行 1 次定时器中 断。）
嵌套层次（N）		用于 MC 和 MCR 时 8 点	N0～N7
常数	十进制 K	16 位：−32 768～+32 768 32 位：−2 147 483 648～+2 147 483 647	
	十六进制 H	16 位：0000～FFFF 32 位：00 000 000～FF FFF FFF	
	浮点	32 位：$\pm 1.175 \times 10^{-38}$, $\pm 3.403 \times 10^{+38}$（不能直接输入）	